2.4.1 实例：制作高脚杯模型

2.4.2 实例：制作台灯模型

2.4.3 实例：制作帽子模型

2.4.4 实例：制作衣架模型

2.4.5 实例：制作香蕉模型

2.4.6 实例：制作圆桌模型

3.4.1 实例：制作石膏模型

3.4.2 实例：制作吧台凳模型

3.4.3 实例：制作垃圾桶模型

3.4.4 实例：制作杯子模型

3.4.5 实例：制作哑铃模型

3.4.6 实例：制作圆凳模型

3.4.7 实例：制作排球模型

3.4.8 实例：制作足球模型

3.4.9 实例：制作沙发模型

3.4.10 实例：制作瓶子模型

4.4.1 实例：制作静物灯光照明效果

4.4.2 实例：制作夜灯照明效果

4.4.3 实例：制作室内自然光效果

4.4.4 实例：制作室内阳光效果

5.4.1 实例：制作玻璃材质模型

5.4.2 实例：制作金属材质模型

5.4.3 实例：制作陶瓷材质模型

5.4.4 实例：制作果酱和牛奶模型

5.4.5 实例：制作镂空材质模型

5.4.6 实例：制作混合材质模型

5.4.7 实例：制作图书模型

5.4.8 实例：制作线框材质模型

6.3.1 实例：创建摄影机

6.3.2 实例：制作景深效果

7.3 综合实例：制作客厅日光表现效果

7.3.1 制作布料材质效果　　　　　　7.3.2 制作地板材质效果

7.3.3 制作木纹材质效果　　　　　　7.3.4 制作环境材质效果

7.3.5 制作背景墙材质效果　　　　　　7.3.6 制作陶瓷材质效果

7.4 综合实例：制作建筑物日光表现效果

7.4.1 制作砖墙材质效果

7.4.2 制作玻璃材质效果

7.4.3 制作栏杆材质效果

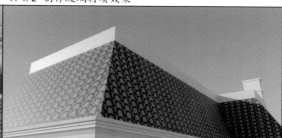

7.4.4 制作瓦片材质效果

7.4.5 制作树叶材质效果

7.4.6 制作木头材质效果

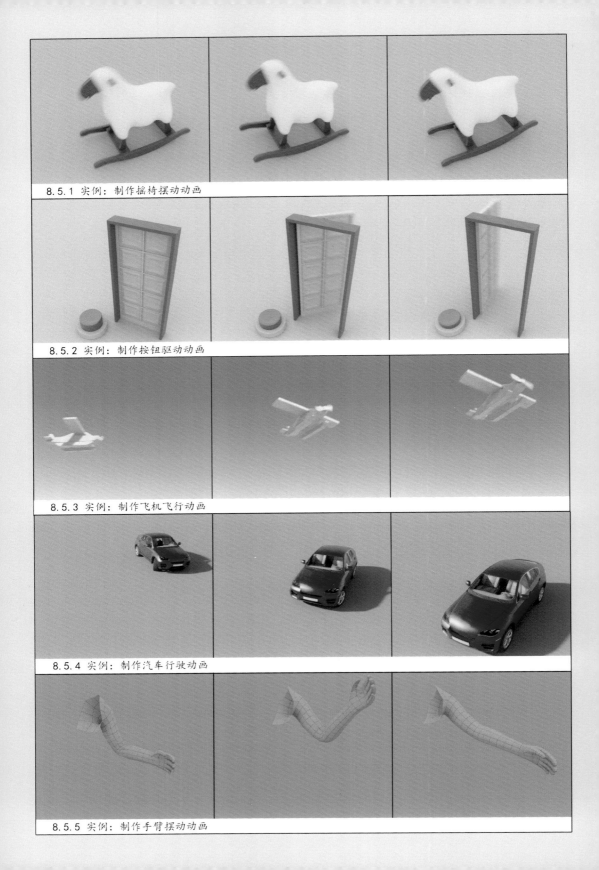

8.5.1 实例：制作摇椅摆动动画

8.5.2 实例：制作按钮驱动动画

8.5.3 实例：制作飞机飞行动画

8.5.4 实例：制作汽车行驶动画

8.5.5 实例：制作手臂摆动动画

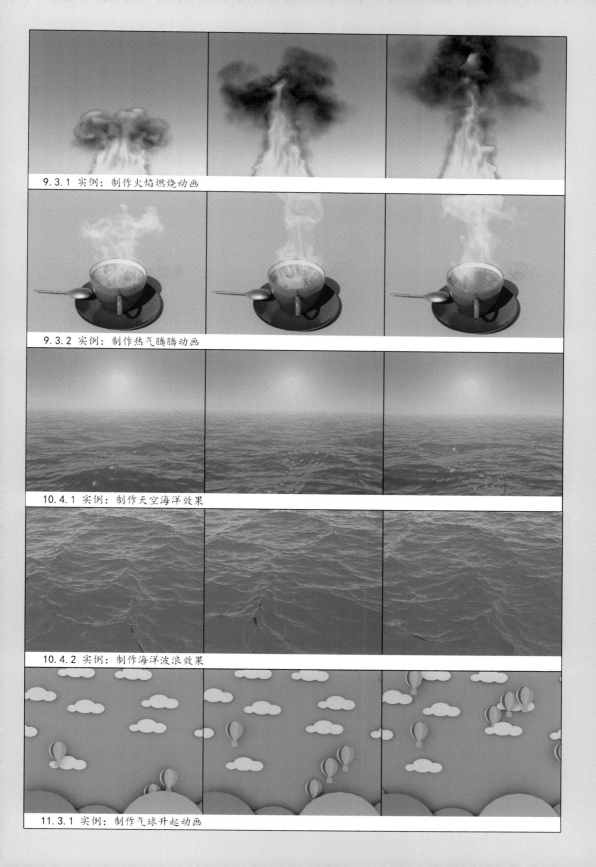

9.3.1 实例：制作火焰燃烧动画

9.3.2 实例：制作热气腾腾动画

10.4.1 实例：制作天空海洋效果

10.4.2 实例：制作海洋波浪效果

11.3.1 实例：制作气球升起动画

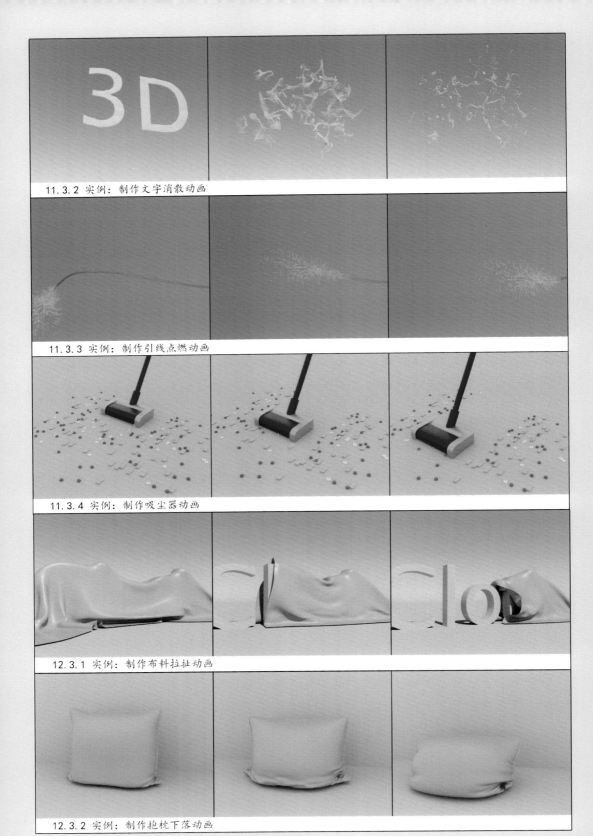

11.3.2 实例：制作文字消散动画

11.3.3 实例：制作引线点燃动画

11.3.4 实例：制作吸尘器动画

12.3.1 实例：制作布料拉扯动画

12.3.2 实例：制作抱枕下落动画

Maya 2022

工具详解与实战

来阳 / 编著

微课视频

▶

全彩版

人民邮电出版社

北 京

图书在版编目（ＣＩＰ）数据

Maya 2022工具详解与实战：微课视频：全彩版 /
来阳编著. -- 北京：人民邮电出版社，2022.9（2024.1重印）
ISBN 978-7-115-59404-4

Ⅰ．①M… Ⅱ．①来… Ⅲ．①三维动画软件 Ⅳ．
①TP391.414

中国版本图书馆CIP数据核字（2022）第097192号

内 容 提 要

本书通过大量的操作实例系统地讲解用 Maya 2022 制作三维动画的技术和方法，是一本面向零基础读者的专业教程。

本书共 12 章，详细讲解软件的基础知识、曲面建模技术、多边形建模技术、灯光技术、材质技术、摄影机技术、渲染技术、动画技术、流体动画技术、海洋动画技术、粒子动画技术、布料动画技术等内容。本书结构清晰、内容全面、通俗易懂，第 2～12 章设置了相应的实例，通过阐述制作原理及操作步骤来提升读者的实际操作能力。

本书的配套学习资源内容丰富，包括书中所有实例的工程文件和微课视频，便于读者自学使用。

本书适合作为高校和培训机构相关课程的教材，也可以作为广大三维动画爱好者的自学参考书。

◆ 编　著　来　阳
　　责任编辑　罗　芬
　　责任印制　胡　南

◆ 人民邮电出版社出版发行　　北京市丰台区成寿寺路 11 号
　　邮编　100164　　电子邮件　315@ptpress.com.cn
　　网址　https://www.ptpress.com.cn
　　廊坊市印艺阁数字科技有限公司印刷

◆ 开本：700×1000　1/16　　　　彩插：8
　　印张：16.5　　　　　　　　　2022 年 9 月第 1 版
　　字数：303 千字　　　　　　　2024 年 1 月河北第 6 次印刷

定价：89.90 元

读者服务热线：(010)81055410　印装质量热线：(010)81055316
反盗版热线：(010)81055315
广告经营许可证：京东市监广登字 20170147 号

在应用商店中搜索并下载"每日设计"App，打开 App，搜索书号"59404"，即可进入本书详情页面，获得全方位增值服务。

▌配套资源

① 导读音频：由作者讲解，介绍全书的精华内容。

② 思维导图：通览全书讲解逻辑，帮助读者明确学习目标和学习内容。

③ 实例的工程文件：让实践之路畅通无阻，便于读者通过对比作者制作的效果，完善自己的作品。读者在"每日设计"App 本书详情页面的末尾可以直接获取下载链接。

④ 视频微课：书中的基础知识和实例配有详细的微课视频。在"每日设计"App 本书页面的"配套视频"栏目中，读者可以在线观看或下载全部配套视频。

▌拓展学习

① 热文推荐：在"每日设计"App 的"热文推荐"栏目中，读者可以了解 Maya 的相关信息和操作技巧。

② 老师好课：在"每日设计"App 的"老师好课"栏目中，读者可以学习其他相关的优质课程，全方位提升自己。

目　录

目 录

第8章
动画技术..168

第9章
流体动画技术 193

目 录

第 1 章

初识 Maya 2022

1.1　Maya 2022 概述

　　自从 1982 年 AutoCAD 软件面世以来，欧特克（Autodesk）公司就不断在为全球的建筑设计、数字动画、虚拟现实及影视特效等众多领域提供先进的软件技术，并帮助各行各业的设计师设计制作了大量的优秀数字可视化作品。现在，欧特克公司已成长为一家生产多样化数字产品的软件公司，其推出的 Maya 软件在三维动画、数字建模和虚拟仿真等方面表现突出，获得了广大设计师及制作公司的高度认可并帮助他们获得了业内所认可的多项大奖。

　　截至本书编写时，欧特克公司出品的 Maya 软件最新版本为 Maya 2022，本书内容以该版本为例进行实例讲解，力求为读者由浅入深地详细剖析 Maya 的基本操作技巧及中高级操作技巧，帮助读者制作出高品质的静帧及动画作品。图 1-1 所示为 Maya 2022 的软件启动界面。

图 1-1

1.2　Maya 2022 的应用范围

　　Maya 2022 为用户提供了多种不同类型的建模方式，配合功能强大的 Arnold 渲染器，可以帮助从事动画创作、游戏美工、数字创意、建筑表现等工作的设计师顺利完成项目的制作，如图 1-2 ～图 1-5 所示。

图 1-2

图 1-3

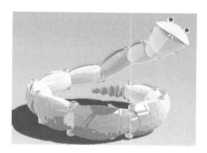

图 1-4

图 1-5

1.3　Maya 2022 的工作界面

学习 Maya 2022 时，首先应该熟悉软件的工作界面。图 1-6 所示为 Maya 2022 的工作界面。扫描图 1-7 中的二维码，可观看 Maya 2022 工作界面的详解视频。

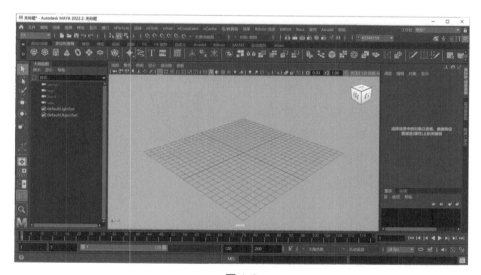

图 1-6

图 1-7

1.4　Maya 2022 的基本操作

1.4.1　对象选择操作

　　在大多数情况下，对物体执行某个操作之前，需要先选中它们，也就是说选择操作是建模和设置动画过程的基础操作。Maya 2022 为用户提供了多种选择方式，如使用"选择工具"或"变换对象工具"，以及在"大纲视图"面板中对场景中的物体进行选择等。扫描图 1-8 中的二维码，可观看对象选择操作的详解视频。

图 1-8

1.4.2　对象变换操作

　　对象变换操作可以改变对象的位置、方向和大小，但是不会改变对象的形状。Maya 的"工具箱"为用户提供了多种用于变换对象操作的工具，有"移动工具""旋转工具""缩放工具"，用户可以单击对应的按钮在场景中进行相应的变换操作。扫描图 1-9 中的二维码，可观看对象变换操作的详解视频。

图 1-9

1.4.3　复制对象

　　在模型的制作过程中，经常需要在场景中摆放一些相同的模型，这时就需要使用"复制"命令来完成操作。扫描图 1-10 中的二维码，可观看复制对象的详解视频。

视频微课　　　知识点

复制对象
特殊复制
复制并变换

复制对象

图 1-10

第2章

曲面建模技术

2.1　曲面建模概述

曲面建模，也叫作非均匀有理 B 样条（Non-Uniform Rational B-Spline，NURBS）建模，是一种基于几何基本体和绘制曲线的 3D 建模方式。利用 Maya 的"曲线 / 曲面"工具架中的工具集合，用户有两种方式创建曲面模型：一是通过创建曲线的方式来构建曲面的基本轮廓，并配以相应的命令来生成模型，如图 2-1 所示；二是通过创建曲面基本体的方式来绘制简单的三维对象，然后使用相应的工具修改其形状来获得想要的模型，如图 2-2 所示。

图 2-1

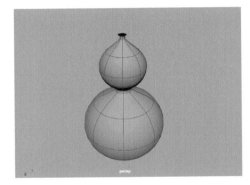

图 2-2

使用曲面建模方式可以制作出任何形状的、精度非常高的三维模型，这一优势使得曲面建模慢慢成为一个广泛应用于工业建模领域的方式。这一建模方式非常容易学习和使用，用户通过较少的控制点即可得到复杂的流线型几何体，这也是曲面建模方式的方便之处。将切换至"曲线 / 曲面"工具架，在其中可以找到与曲面建模有关的常用工具。

2.2　曲线工具

学习曲面建模之前，首先应掌握如何在 Maya 中绘制曲线并修改曲线的形状，这些与曲线有关的工具可以在"曲线 / 曲面"工具架上的前半部分找到，如图 2-3 所示。扫描图 2-4 中的二维码，可观看创建曲线的详解视频。

图 2-3

图 2-4

2.3　曲面工具

Maya 为用户提供了多种创建基本几何体的曲面工具，一些常用的跟曲面有关的工具可以在"曲线/曲面"工具架上的后半部分找到，如图 2-5 所示。扫描图 2-6 中的二维码，可观看创建曲面的详解视频。

图 2-5

图 2-6

2.4　技术实例

2.4.1　实例：制作高脚杯模型

实例介绍

本实例将使用"EP 曲线工具"来制作一个高脚杯模型，模型的最终渲染效果如图 2-7 所示，线框渲染效果如图 2-8 所示。

图 2-7

图 2-8

思路分析

　　在制作实例前，需要先观察高脚杯模型的形态，然后使用"EP 曲线工具"绘制高脚杯的剖面曲线来进行制作。

步骤演示

❶ 启动 Maya，按住空格键，单击"Maya"按钮，在弹出的菜单中执行"右视图"命令，将当前视图切换至"右视图"，如图 2-9 所示。

❷ 单击"曲线／曲面"工具架上的"EP 曲线工具"按钮，如图 2-10 所示。

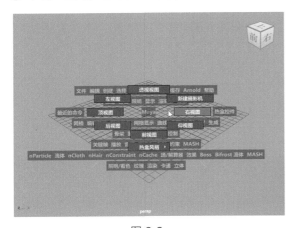
图 2-9

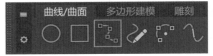
图 2-10

❸ 在"右视图"中绘制出高脚杯的剖面曲线，如图 2-11 所示。

❹ 选择绘制好的曲线，按住鼠标右键，在弹出的菜单中执行"控制顶点"命令，如图 2-12 所示。

❺ 调整曲线的控制顶点位置，仔细修改曲线的形态细节，如图 2-13 所示。

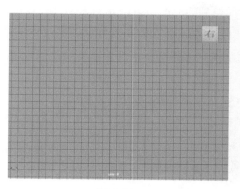

图 2-11

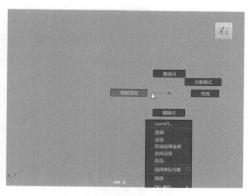

图 2-12

⑥ 调整完成后，按住鼠标右键，在弹出的菜单中执行"对象模式"命令，如图 2-14 所示，退出曲线编辑状态。

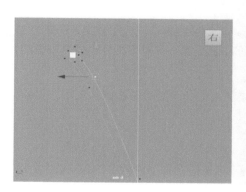

图 2-13

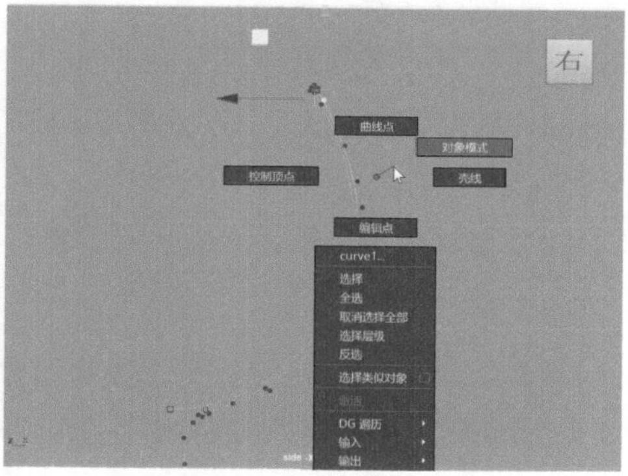

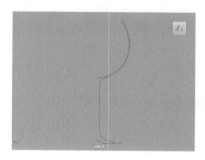

图 2-14

⑦ 绘制完成的曲线如图 2-15 所示。

⑧ 选择场景中绘制完成的曲线，单击"曲线 / 曲面"工具架上的"旋转"按钮，如图 2-16 所示。

图 2-15

图 2-16

⑨ 在场景中可以看到曲线执行"旋转"命令而得到的曲面模型，如图 2-17 所示。

⑩ 在默认状态下，当前的曲面模型显示为黑色，可以执行菜单栏中的"曲面 > 反转方向"命令来更改曲面模型的面方向，这样就可以得到正确的曲面模型显示效果，如图 2-18 所示。

图 2-17

图 2-18

⑪ 高脚杯模型制作完成后，不要移动场景中的曲线，否则会对高脚杯模型产生影响，如图 2-19 所示。

⑫ 选中高脚杯模型，单击"多边形建模"工具架上的"按类型删除：历史"按钮，如图 2-20 所示。

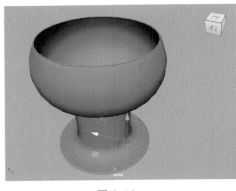

图 2-19

图 2-20

⑬ 这时再移动曲线就不会对场景中的高脚杯模型产生影响，如图 2-21 所示。

⑭ 当然也可以将场景中的曲线删除掉。高脚杯模型的最终效果如图 2-22 所示。

 学习完本实例后，读者可以尝试使用该方法制作碗、盘子等模型。

图 2-21

图 2-22

2.4.2 实例：制作台灯模型

 实例介绍

本实例将使用"Bezier 曲线工具"制作一个台灯模型，模型的最终渲染效果如图 2-23 所示，线框渲染效果如图 2-24 所示。

图 2-23

图 2-24

思路分析

在制作实例前，需要先观察台灯模型的形态，然后使用"Bezier 曲线工具"绘制台灯底座的剖面曲线来进行制作。

步骤演示

❶ 启动 Maya，单击"曲线/曲面"工具架上的"Bezier 曲线工具"按钮，如图 2-25 所示。

❷ 在"右视图"中绘制出台灯底座的剖面曲线，如图 2-26 所示。

图 2-25

❸ 选择绘制好的曲线，按住鼠标右键，在弹出的菜单中执行"控制顶点"命令，如图 2-27 所示，这样就可以对曲线上的顶点进行编辑。

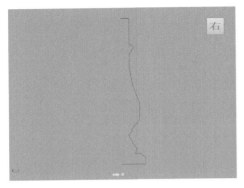

图 2-26

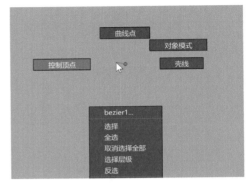

图 2-27

❹ 选择曲线上的所有顶点，按住【Shift】键，按住鼠标右键，在弹出的菜单中执行"Bezier 角点"命令，将所选顶点的类型更改为"Bezier 角点"，如图 2-28 所示。

❺ 可以通过调整每个顶点两侧的手柄来控制曲线的弧度，如图 2-29 所示。曲线调整完成后的效果如图 2-30 所示。

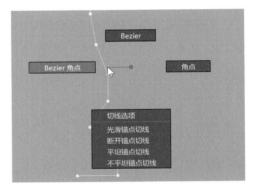

图 2-28

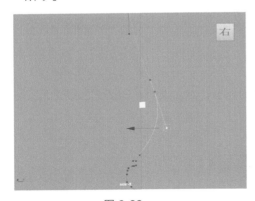

图 2-29

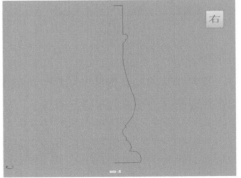

图 2-30

❻ 选择调整完成的曲线，单击"曲线 / 曲面"工具架上的"旋转"按钮，如图 2-31 所示。得到台灯的底座模型，如图 2-32 所示。

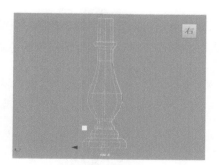

图 2-31

图 2-32

⑦ 现在在"透视视图"中观察到新生成的台灯底座模型显示为黑色，如图 2-33 所示。

⑧ 选择台灯底座模型，执行菜单栏中的"曲面 > 反转方向"命令，更改模型的法线方向，得到图 2-34 所示的模型效果。

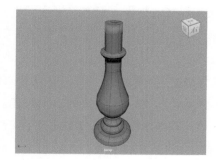

图 2-33

图 2-34

⑨ 单击"曲线 / 曲面"工具架上的"NURBS 圆柱体"按钮，如图 2-35 所示，在场景中创建一个圆柱体曲面模型。

⑩ 在"圆柱体历史"卷展栏中，设置"半径"为 25（有关参数的单位，请根据实际情况选择，书中略去不写）、"高度比"为 1，如图 2-36 所示。

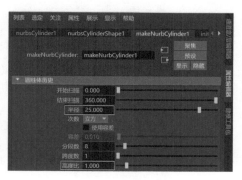

图 2-35

图 2-36

⑪ 设置完成后，圆柱体模型的视图显示效果如图 2-37 所示。

⑫ 在"右视图"中调整圆柱体模型的位置，如图 2-38 所示。

图 2-37

图 2-38

⑬ 选择圆柱体模型，双击"绑定"工具架上的"创建晶格"按钮，如图 2-39 所示。

图 2-39

⑭ 在弹出的"晶格选项"面板中，设置"分段"为（2，2，2），如图 2-40 所示。

⑮ 单击"晶格选项"面板下方左侧的"创建"按钮关闭该面板，创建出来的晶格对象如图 2-41 所示。

⑯ 选择晶格对象，按住鼠标右键，在弹出的菜单中执行"晶格点"命令，如图 2-42 所示。

图 2-40

图 2-41

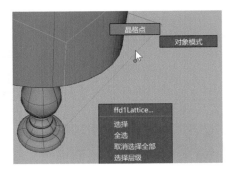

图 2-42

⑰ 选择图 2-43 所示的晶格点，使用"缩放工具"调整晶格点的位置，如图 2-44 所示，制作出台灯的灯罩模型。

图 2-43

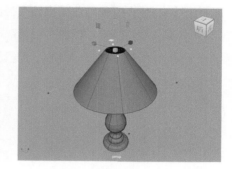

图 2-44

⑱ 在"大纲视图"面板中可以看到场景中对象的个数，如图 2-45 所示。

⑲ 选择场景中的台灯灯罩和底座模型，如图 2-46 所示。

图 2-45

图 2-46

⑳ 单击"多边形建模"工具架上的"按类型删除：历史"按钮，如图 2-47 所示。将场景中的曲线选中后删除，在"大纲视图"面板中只保留两个曲面模型即可，如图 2-48 所示。

图 2-47

图 2-48

㉑ 本实例的最终模型效果如图 2-49 所示。

技巧与提示

　　有时候，制作出来的曲面模型在视图中看起来可能不是很平滑。这时，可以在 "NURBS 曲面显示"卷展栏中提高"曲线精度着色"的值，如图 2-50 所示。图 2-51 所示为该值分别是 4 和 15 的模型显示效果对比。

图 2-49

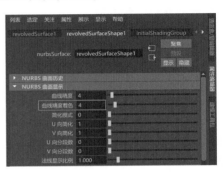

图 2-50

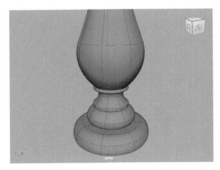

图 2-51

　　当使用 Arnold 渲染器对曲面模型进行渲染时，还应在"Subdivision"（细分）卷展栏内，将"Type"（类型）设置为"catclark"，并适当提高"Iterations"（重复）的值，以得到更加平滑的效果，如图 2-52 所示。图 2-53 所示为"Type"分别为默认的"none"（无）和"catclark"的渲染效果对比。

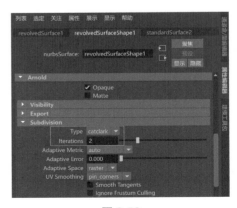

图 2-52

图 2-53

学习完本实例后，读者可以尝试使用该方法制作其他台灯模型。

2.4.3　实例：制作帽子模型

 实例介绍

本实例将使用"NURBS 圆形"工具来制作一个帽子模型，模型的最终渲染效果如图 2-54 所示，线框渲染效果如图 2-55 所示。

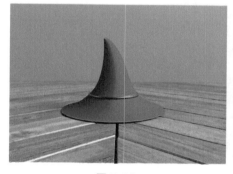

图 2-54

图 2-55

思路分析

在制作实例前，需要先观察帽子模型的形态，然后再思考使用哪些工具来进行制作较为合适。

步骤演示

❶ 启动 Maya，单击"曲线 / 曲面"工具架上的"NURBS 圆形"按钮，如图 2-56 所示。

❷ 在场景中创建一个圆形，并在"通道盒/层编辑器"面板中设置"半径"为 9，如
　图 2-57 所示。

图 2-56

图 2-57

❸ 设置完成后，圆形的视图显示效果如图 2-58 所示。

❹ 选择绘制完成的圆形，按住【Shift】键，配合"移动工具"，向上拖曳复制出一个圆
　形，如图 2-59 所示。

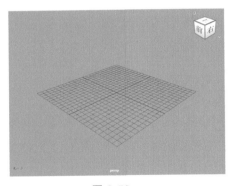

图 2-58

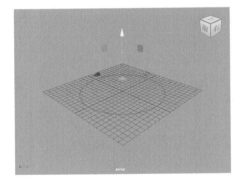

图 2-59

❺ 使用"缩放工具"调整其大小，如图 2-60 所示。

❻ 重复以上操作，复制出多个圆形，分别调整其大小、位置和角度，如图 2-61 所示，
　制作出帽子模型的多个剖面曲线。

❼ 在场景中，按照创建圆形图形的顺序，依次选择这些图形，单击"曲线/曲面"
　工具架上的"放样"按钮，如图 2-62 所示。

❽ 得到图 2-63 所示的帽子模型。

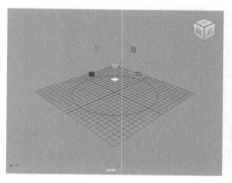

图 2-60　　　　　　　　　　　　　　　　　图 2-61

⑨ 将操作视图切换至"右视图",单击"曲线 / 曲面"
工具架上的"NURBS 圆形"按钮,在场景中绘制
一个圆形,并调整其方向和位置,如图 2-64 所示。

图 2-62

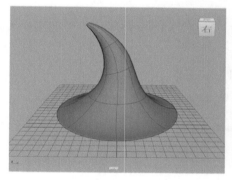

图 2-63

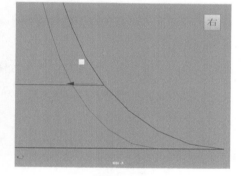

图 2-64

⑩ 按住【Shift】键,再加选场景中图 2-65 所示的圆形曲线。

⑪ 双击"曲线 / 曲面"工具架上的"挤出"按钮,如图 2-66 所示。

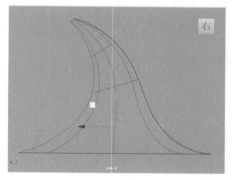

图 2-65

图 2-66

⑫ 打开"挤出选项"面板，设置"样式"为"管"，"方向"为"路径方向"，如图 2-67 所示。

⑬ 单击"挤出选项"面板下方的"挤出"按钮，即可制作出帽子上的环形结构，如图 2-68 所示。

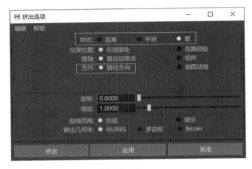

图 2-67

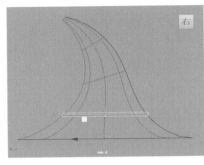

图 2-68

⑭ 在"透视视图"中微调环形结构在帽子上的位置，如图 2-69 所示，即可完成本实例的模型制作。

⑮ 本实例的帽子模型制作完成后的效果如图 2-70 所示。

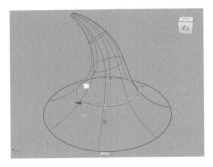

图 2-69

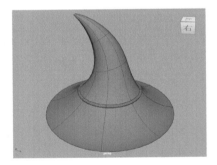

图 2-70

学习完本实例后，读者可以尝试使用该方法制作其他形状的圆帽模型。

2.4.4　实例：制作衣架模型

⚙ 实例介绍

　　本实例将使用"NURBS 圆形"工具来制作一个衣架模型，模型的最终渲染效果如图 2-71 所示，线框渲染效果如图 2-72 所示。

图 2-71　　　　　　　　　　　图 2-72

思路分析

　　在制作实例前，需要先观察衣架模型的形态，然后再思考使用哪些工具来进行制作较为合适。

步骤演示

❶ 启动 Maya，单击"曲线 / 曲面"工具架上的"NURBS 圆形"按钮，如图 2-73 所示。在"顶视图"中创建一个圆形，如图 2-74 所示。

图 2-73　　　　　　　　　　　图 2-74

❷ 在"圆形历史"卷展栏中，设置"半径"为 3，如图 2-75 所示。

❸ 双击"曲线 / 曲面"工具架上的"NURBS 方形"按钮，如图 2-76 所示。

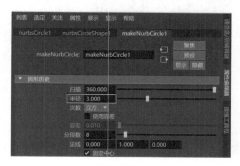

图 2-75　　　　　　　　　　　图 2-76

④ 在弹出的"工具设置"面板中，设置"曲面次数"为"1 线性"，如图 2-77 所示。

⑤ 在"顶视图"中创建一个方形，如图 2-78 所示。

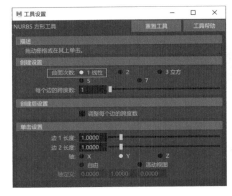

图 2-77

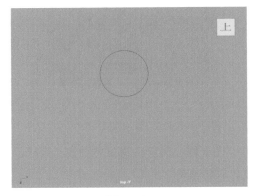

图 2-78

⑥ 在"大纲视图"面板中选择构成方形的 4 条曲线，如图 2-79 所示。

⑦ 双击"曲线 / 曲面"工具架上的"附加曲线"按钮，如图 2-80 所示。

图 2-79

图 2-80

⑧ 在弹出的"附加曲线选项"面板中，设置"附加方法"为"连接"，如图 2-81 所示。

⑨ 单击"附加"按钮关闭该面板后，即可得到新的方形曲线，如图 2-82 所示。

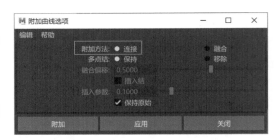

图 2-81

⑩ 在"大纲视图"面板中，将场景中之前创建的方形曲线组合选中并删除。选择场景中的方形曲线，按住鼠标右键，在弹出的菜单中执行"编辑点"命令，如图 2-83 所示。

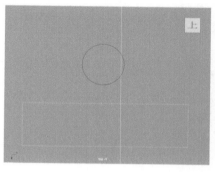

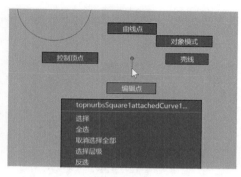

图 2-82　　　　　　　　　　　　　　图 2-83

⑪ 使用"缩放工具"调整编辑点的位置，调整方形曲线的形状，如图 2-84 所示。

⑫ 选择方形曲线上的所有编辑点，如图 2-85 所示。

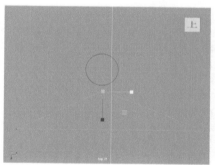

图 2-84　　　　　　　　　　　　　　图 2-85

⑬ 单击"曲线 / 曲面"工具架上的"分离曲线"按钮，如图 2-86 所示。

⑭ 选择图 2-87 所示的两条曲线，执行菜单栏中的"曲线 > 圆角"命令，得到图 2-88 所示的圆角效果。

图 2-86

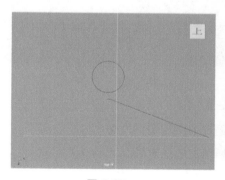

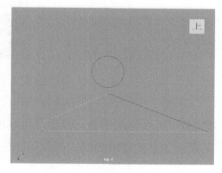

图 2-87　　　　　　　　　　　　　　图 2-88

⑮ 在"曲线圆角历史"卷展栏中，设置"半径"为 0.6，如图 2-89 所示，得到图 2-90 所示的圆角效果。

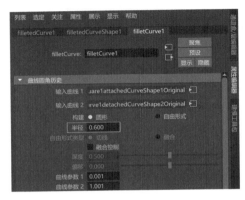

图 2-89

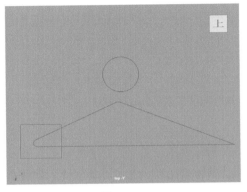

图 2-90

⑯ 使用同样的方式制作出衣架另一侧的圆角效果，如图 2-91 所示。

⑰ 双击"曲线 / 曲面"工具架上的"EP 曲线工具"按钮，如图 2-92 所示。

⑱ 在弹出的"工具设置"面板中，设置"曲线次数"为"1 线性"，如图 2-93 所示。

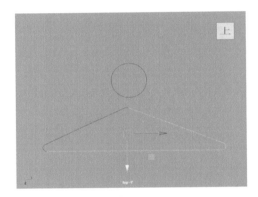

图 2-91

图 2-92

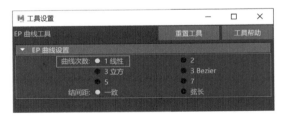

图 2-93

⑲ 在"顶视图"中创建两条曲线，如图 2-94 所示。

⑳ 选择图 2-95 所示的曲线，执行菜单栏中的"曲线 > 剪切"命令。

㉑ 将场景中多余的曲线删除，得到图 2-96 所示的曲线效果。

㉒ 参考之前的操作步骤，使用"圆角"工具对衣架曲线进行细节上的处理，得到图 2-97

所示的圆角效果。

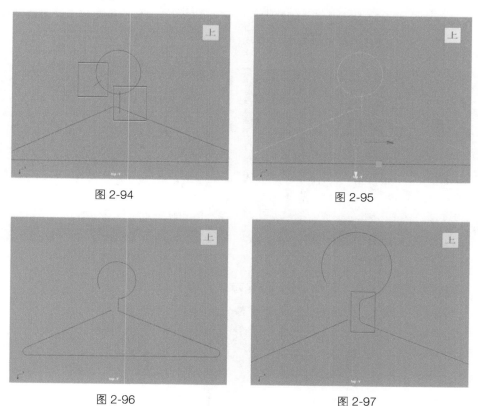

图 2-94　　　　　　　　　　　　　图 2-95

图 2-96　　　　　　　　　　　　　图 2-97

㉓ 选择场景中的所有曲线，单击"曲线／曲面"工具架上的"附加曲线"按钮，如
图 2-98 所示。即可得到一条完整的衣架曲线。

㉔ 将场景中的其他曲线选中并删除，仅仅保留最后一步所得到的衣架曲线。单击"多
边形建模"工具架上的"扫描网格"按钮，如图 2-99 所示，得到图 2-100 所示
的模型效果。

图 2-98

图 2-99

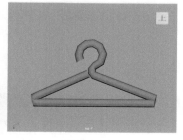

图 2-100

㉕ 在"扫描剖面"卷展栏中，勾选"封口"复选框，如图 2-101 所示。

㉖ 在"变换"卷展栏中，设置"缩放剖面"为 0.2；在"插值"卷展栏中，设置"模式"为"EP 到 EP"，如图 2-102 所示。

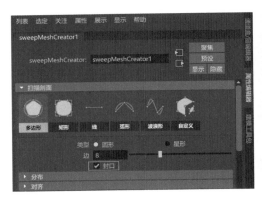

图 2-101

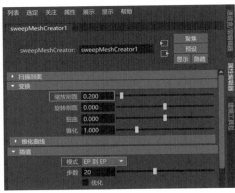

图 2-102

㉗ 本实例制作完成后的衣架模型最终效果如图 2-103 所示。

图 2-103

学习完本实例后，读者可以尝试使用该方法制作其他形状的衣架模型。

2.4.5　实例：制作香蕉模型

⚙ 实例介绍

　　本实例将使用"放样"工具来制作一个香蕉模型，模型的最终渲染效果如图 2-104 所示，线框渲染效果如图 2-105 所示。

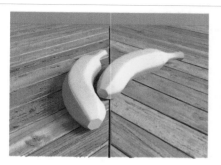
图 2-104

图 2-105

 思路分析

　　在制作实例前，需要先观察香蕉模型的形态，然后再思考使用哪些工具来进行制作较为合适。

步骤演示

❶ 启动 Maya，单击"多边形建模"工具架上的"多边形圆柱体"按钮，如图 2-106 所示。在场景中创建一个圆柱体模型，如图 2-107 所示。

图 2-106

❷ 在"多边形圆柱体历史"卷展栏中，设置"半径"为 3，"高度"为 8，"轴向细分数"为 6，"高度细分数"为 2，"端面细分数"为 1，如图 2-108 所示。

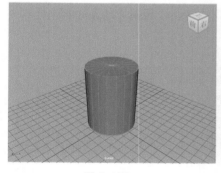
图 2-107

图 2-108

❸ 设置完成后，圆柱体模型的视图显示效果如图 2-109 所示。

❹ 选择圆柱体模型，按住鼠标右键，在弹出的菜单中执行"边"命令，如图 2-110 所示，

这样就可以对圆柱体的边进行编辑。

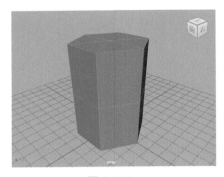

图 2-109

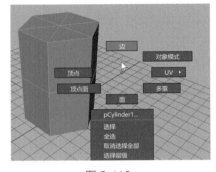

图 2-110

❺ 选择图 2-111 所示的边线，单击"多边形建模"工具架上的"倒角组件"按钮，如图 2-112 所示。

❻ 使用"倒角组件"工具制作出图 2-113 所示的模型效果。

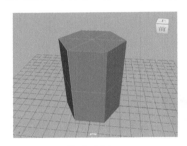

图 2-111

图 2-112

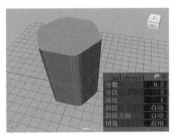

图 2-113

❼ 选择图 2-114 所示的边线，单击菜单栏中的"修改 > 转化 > 多边形边到曲线"右侧的方形按钮，在弹出的"多边形到曲线选项"面板中，设置"次数"为"1 一次"，如图 2-115 所示。

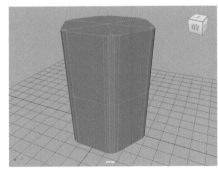

图 2-114

图 2-115

❽ 单击"转化"按钮后，删除场景中的圆柱体模型，即可看到场景中新生成的曲线，如图 2-116 所示。

❾ 单击"多边形建模"工具架上的"中心枢轴"按钮，如图 2-117 所示，使得曲线的轴心点位于图形的中心位置，如图 2-118 所示。

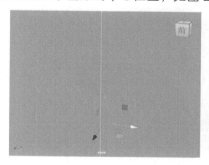

图 2-116

图 2-117

❿ 在"透视视图"中，调整曲线的旋转角度，如图 2-119 所示。

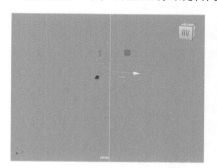

图 2-118

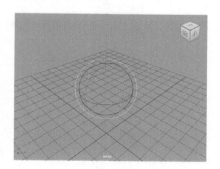

图 2-119

⓫ 在"顶视图"和"透视视图"中，复制曲线并分别调整其旋转角度、大小和位置，如图 2-120 和图 2-121 所示。

图 2-120

图 2-121

⑫ 在场景中，按照创建圆形图形的顺序，依次选择这些图形，单击"曲线/曲面"
工具架上的"放样"按钮，如图 2-122 所示。得到的香蕉模型如图 2-123 所示。

⑬ 执行菜单栏中的"曲面 > 反转方向"命令，更改曲面模型的面方向，这样就可以
得到正确的曲面模型显示效果，如图 2-124 所示。

图 2-122

图 2-123

⑭ 选择图 2-125 所示的曲线，单击"曲线/曲面"工具架上的"平面"按钮，如图 2-126
所示，得到图 2-127 所示的模型效果。

图 2-124

图 2-125

图 2-126

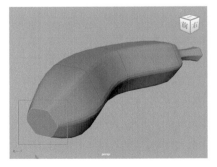

图 2-127

⑮ 使用同样的方法制作出香蕉模型另一侧的封口效果，如图 2-128 所示。

⑯ 将场景中的全部曲线选中后删除，本实例制作完成后的香蕉模型最终效果如图 2-129 所示。

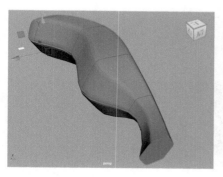

图 2-128

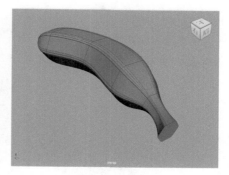

图 2-129

学习完本实例后，读者可以尝试使用该方法制作其他形状相似的水果或蔬菜模型。

2.4.6　实例：制作圆桌模型

 实例介绍

本实例将使用"曲线/曲面"工具架中的工具来制作一个圆桌模型，模型的最终渲染效果如图 2-130 所示，线框渲染效果如图 2-131 所示。

图 2-130

图 2-131

思路分析

在制作实例前，需要先观察圆桌模型的形态，然后再思考使用哪些工具来进行制作较为合适。

步骤演示

❶ 启动 Maya，单击"曲线/曲面"工具架上的"NURBS圆环"
按钮，如图 2-132 所示。在场景中创建一个圆环模型，
如图 2-133 所示。

图 2-132

❷ 在"圆环历史"卷展栏中，设置"半径"为 10，"分段数"为 16，"跨度数"为 8，
"高度比"为 0.05，如图 2-134 所示。

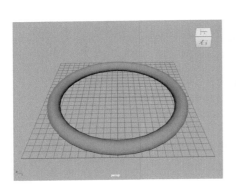

图 2-133

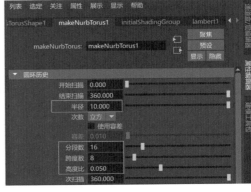

图 2-134

❸ 设置完成后，圆环模型的视图显示效果如图 2-135 所示。

❹ 按住【Shift】键，使用"移动工具"向上方拖曳复制出一个圆环模型，如图 2-136
所示。

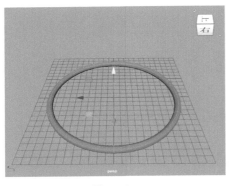

图 2-135

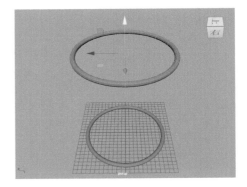

图 2-136

❺ 选择第一个圆环模型，在"圆环历史"卷展栏中，设置"结束扫描"为 270，如
图 2-137 所示。

❻ 设置完成后，圆环模型的视图显示效果如图 2-138 所示。

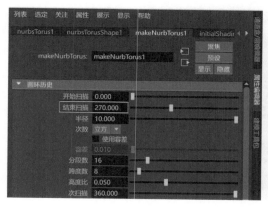

图 2-137

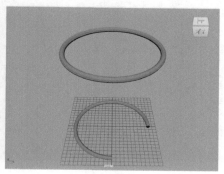

图 2-138

❼ 单击"曲线 / 曲面"工具架上的"NURBS 圆柱体"按钮,如图 2-139 所示,在场景中创建一个圆柱体模型。

图 2-139

❽ 在"圆柱体历史"卷展栏中,设置"半径"为 0.5,"高度比"为 50,如图 2-140 所示。

❾ 设置完成后,调整圆柱体模型的位置,如图 2-141 所示。

图 2-140

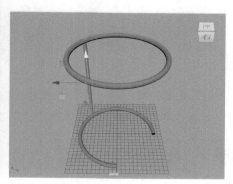

图 2-141

❿ 单击"曲线 / 曲面"工具架上的"NURBS 圆柱体"按钮,再次在场景中创建一个圆柱体模型。在"圆柱体历史"卷展栏中,设置"半径"为 10,如图 2-142 所示。

⓫ 调整圆柱体模型的位置,如图 2-143 所示。

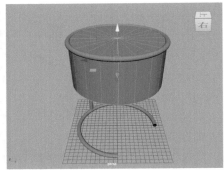

图 2-142

图 2-143

⑫ 将圆柱体模型的侧面和底面删除，得到图 2-144 所示的模型效果。

⑬ 选择最下方的圆环模型，按住鼠标右键，在弹出的菜单中执行"等参线"命令，如图 2-145 所示。

图 2-144

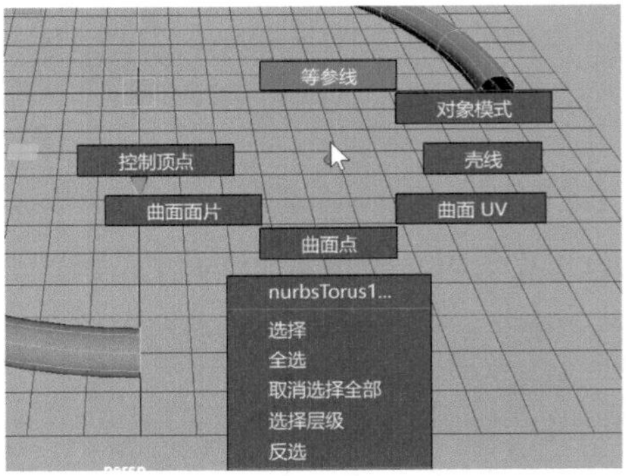

图 2-145

⑭ 选择图 2-146 所示位置处的等参线，单击"曲线 / 曲面"工具架上的"平面"按钮，如图 2-147 所示，将圆环模型的开口处封闭，如图 2-148 所示。

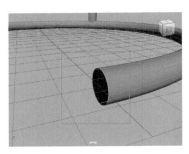

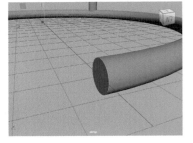

图 2-146

图 2-147

图 2-148

⑮ 以同样的方法封闭圆环模型另一侧的开口处，如图 2-149 所示。

⑯ 本实例制作完成后的圆桌模型最终效果如图 2-150 所示。

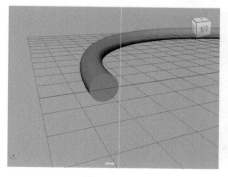

图 2-149

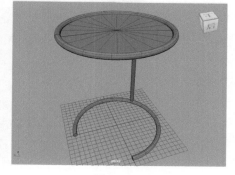

图 2-150

学习完本实例后，读者可以尝试使用该方法制作其他形状相似的家具模型。

第3章

多边形建模技术

3.1　多边形建模概述

　　大多数三维软件都提供了多种建模的方式以供广大设计师选择使用，Maya 也不例外。在学习了上一章的曲面建模技术之后，读者对于曲面建模技术已经有了一个大概的了解，同时也会慢慢发现曲面建模技术中的一些不太方便的地方。例如，在 Maya 中创建出来的 NURBS 长方体模型、NURBS 圆柱体模型和 NURBS 圆锥体模型不像 NURBS 球体一样是一个对象，而是由多个结构拼凑而成的，那么在使用曲面建模技术处理这些形体边角连接的地方时则会感觉略微麻烦，如果在 Maya 中使用多边形建模技术来进行建模，这些问题将变得非常简单。多边形由顶点和连接它们的边来定义形体的结构，多边形的内部区域称为面，这些要素的命令编辑就构成了多边形建模技术。经过几十年的应用发展，多边形建模技术如今被广泛用于电影、游戏、虚拟现实等动画模型的开发制作。图 3-1 所示为在 Maya 中使用多边形建模技术制作完成的角色头部模型。

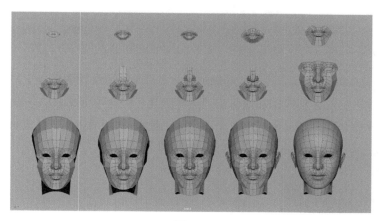

图 3-1

　　多边形建模技术与曲面建模技术差异明显。曲面模型有严格的 UV 走向，编辑起来要麻烦一些。而多边形模型由于是三维空间里的多个顶点相互连接而成的一种立体拓扑结构，所以编辑起来非常自由。Maya 的多边形建模技术已经发展得相当成熟，使用"建模工具包"面板，用户可以非常方便地利用这些多边形编辑命令快速完成模型的制作。在"多边形建模"工具架中，用户可以找到与多边形建模有关的大部分常用工具。

3.2　创建多边形模型

　　"多边形建模"工具架上的前半部分为用户提供了许多基本几何体的创建工具，

如图 3-2 所示，熟练掌握这些基本几何体的创建工具的用法可以帮助用户在 Maya 中制作出精美的三维模型。那么如何在场景中创建多边形模型呢？扫描图 3-3 中的二维码，可观看创建多边形模型的详解视频。

图 3-2

图 3-3

3.3 建模工具包

"建模工具包"是 Maya 为设计师提供的一个用于快速查找建模命令的工具集合，在 Maya 工作区的右边也可以通过单击"建模工具包"选项卡的名称来进行建模工具包的面板显示，如图 3-4 所示。扫描图 3-5 中的二维码，可观看建模工具包的详解视频。

图 3-4

图 3-5

3.4 技术实例

3.4.1 实例：制作石膏模型

⚙ **实例介绍**

　　本实例将使用"多边形建模"工具架中的工具来制作一组石膏的模型，通过制作此模型，读者可以熟练掌握多边形几何体的创建方式及参数修改技巧。图 3-6 所示为模型的最终渲染效果，图 3-7 所示为模型的线框渲染效果。

图 3-6

图 3-7

▷ **思路分析**

　　在制作实例前，可以多观察一些现实中的石膏模型，再思考使用哪些工具来进行制作。

▶ **步骤演示**

① 启动 Maya，单击"多边形建模"工具架上的"多边形圆锥体"按钮，如图 3-8 所示，在场景中创建一个圆锥体模型。

图 3-8

② 在"通道盒 / 层编辑器"面板中，设置圆锥体模型的"平移 X"为 0，"平移 Y"为 6，"平移 Z"为 0，"半径"为 3.5，"高度"为 12，确定圆锥体的基本大小和位置，如图 3-9 所示。

③ 设置完成后，圆锥体模型的视图显示效果如图 3-10 所示。

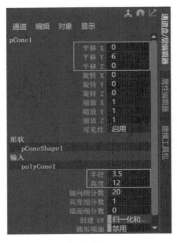

图 3-9

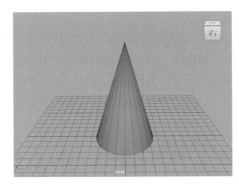

图 3-10

④ 单击"多边形建模"工具架上的"多边形圆柱体"按钮，如图 3-11 所示，在场景中创建一个圆柱体模型。

⑤ 在"通道盒/层编辑器"面板中，设置圆柱体模型的"平移 X"为 0，"平移 Y"为 6.7，"平移 Z"为 0，"旋转 X"为 90，"半径"为 1.5，"高度"为 10，确定圆柱体的基本大小、位置和旋转角度，如图 3-12 所示。

图 3-11

⑥ 设置完成后，圆柱体模型的视图显示效果如图 3-13 所示，这样，一个十字锥圆柱石膏模型就制作完成了。

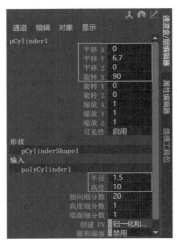

图 3-12

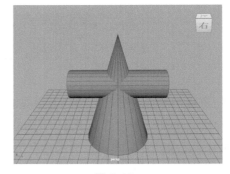

图 3-13

⑦ 单击"多边形建模"工具架上的"多边形圆柱体"按钮，如图 3-14 所示，在场景中再次创建一个圆柱体模型。

⑧ 在"通道盒/层编辑器"面板中，设置圆柱体模型的"平移X"为0，"平移Y"为4，"平移Z"为-9，"半径"为2，"高度"为8，确定圆柱体的基本大小和位置，如图 3-15 所示。

⑨ 双击"多边形建模"工具架上的"镜像"按钮，如图 3-16 所示。在自动弹出的"镜像选项"面板中，设置"镜像轴位置"为"对象"，取消勾选"与原始对象组合"复选框，如图 3-17 所示。

图 3-14

图 3-15

图 3-16

⑩ 设置完成后，单击"镜像"按钮，关闭"镜像选项"面板。在"通道盒/层编辑器"面板中，设置"镜像平面旋转Z"为-135，如图 3-18 所示。

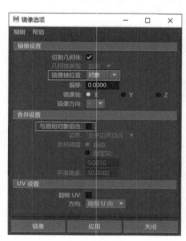

图 3-17

图 3-18

⑪ 设置完成后，圆柱体模型的视图显示效果如图 3-19 所示。

⑫ 将镜像生成的多余的圆柱体模型删除后，得到图 3-20 所示的斜柱模型效果。

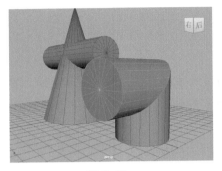

图 3-19

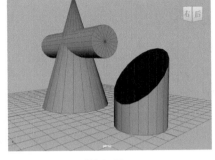

图 3-20

⑬ 选择斜柱模型，执行菜单栏中的"网格 > 填充洞"命令，即可将斜柱模型上缺少的面补上，如图 3-21 所示。

⑭ 本实例制作的两个石膏模型的最终完成效果如图 3-22 所示。

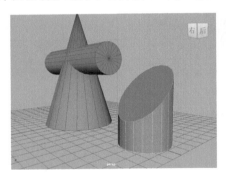

图 3-21

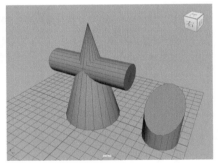

图 3-22

学习完本实例后，读者可以尝试使用该方法制作其他简单的石膏模型。

3.4.2　实例：制作吧台凳模型

实例介绍

本实例将使用多边形建模技术来制作一个吧台凳模型，模型的最终渲染效果如图 3-23 所示，线框渲染效果如图 3-24 所示。

思路分析

在制作实例前，需要先观察吧台凳模型的形态，然后再思考使用哪些工具来进行制作。

图 3-23　　　　　　　　　　　　　　图 3-24

 步骤演示

❶ 启动 Maya，单击"多边形建模"工具架上的"多边形平面"按钮，如图 3-25 所示，在场景中创建一个平面模型。

❷ 在"通道盒/层编辑器"面板中，设置"平移 X"为 0，"平移 Y"为 65，"平移 Z"为 0，"宽度"为 37，"高度"为 40，如图 3-26 所示。

图 3-25

❸ 选择平面模型，按住鼠标右键，在弹出的菜单中执行"边"命令，如图 3-27 所示。

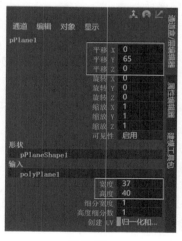

图 3-26

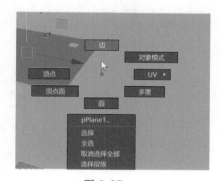

图 3-27

❹ 选择图 3-28 所示的边，对其进行"挤出"操作，制作出图 3-29 所示的模型效果。

❺ 选择图 3-30 所示的边，对其进行"挤出"操作，制作出图 3-31 所示的模型效果。

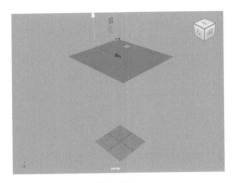

图 3-28

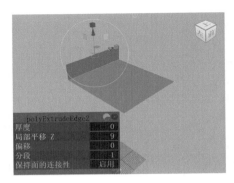

图 3-29

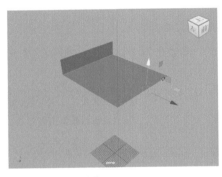

图 3-30

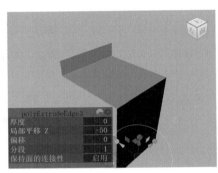

图 3-31

⑥ 选择图 3-32 所示的面，执行菜单栏中的"网格显示 > 反向"命令，得到图 3-33 所示的模型效果。

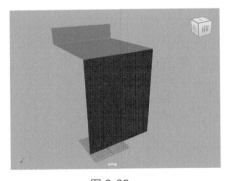

图 3-32

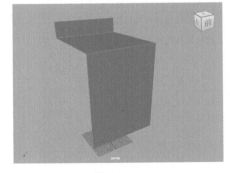

图 3-33

技巧与提示

　　如果挤出的面的显示状态不是黑色的，则不需要执行"反向"命令。有关"挤出"操作的使用方法读者还可以参考本章教学视频进行学习。

⑦ 选择图 3-34 所示的边，调整其位置，如图 3-35 所示。

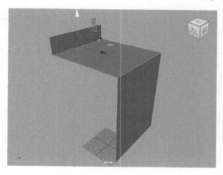

图 3-34

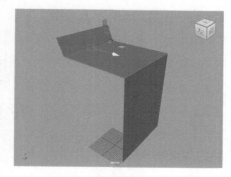

图 3-35

⑧ 选择图 3-36 所示的边，单击菜单栏中的"修改 > 转化 > 多边形边到曲线"右侧
的方形按钮。在弹出的"多边形到曲线选项"面板中，设置"次数"为"1 一次"，
如图 3-37 所示。

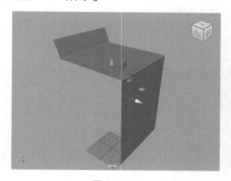

图 3-36

图 3-37

⑨ 单击"转化"按钮关闭该面板后，得到图 3-38 所示的曲线。

⑩ 选择曲线，按住鼠标右键，在弹出的菜单中执行"编辑点"命令，如图 3-39 所示。

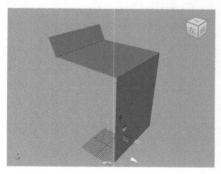

图 3-38

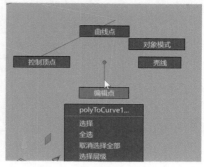

图 3-39

⑪ 选择曲线上的所有编辑点，如图 3-40 所示。单击"曲线／曲面"工具架上的"分离曲线"按钮，如图 3-41 所示。

⑫ 将场景中的平面模型隐藏后，选择图 3-42 所示的两条曲线，单击菜单栏中的"曲线＞圆角"右侧的方形按钮。在弹出的"圆角曲线选项"面板中，勾选"修剪"复选框，如图 3-43 所示。

图 3-40

技巧与提示

在"圆角曲线选项"面板中，"修剪"复选框在默认状态下为取消勾选状态，如果不勾选该复选框，执行"圆角"命令则不会对曲线进行修剪。图 3-44 和图 3-45 所示为"修剪"勾选前后的效果对比。

图 3-41

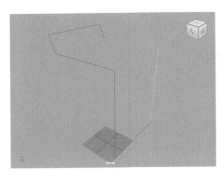

图 3-42

图 3-43

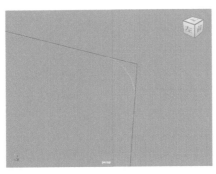

图 3-44

图 3-45

⑬ 单击"圆角曲线选项"面板下方左侧的"圆角"按钮后，关闭该面板，可以得到

图 3-46 所示的曲线效果。

⑭ 在"曲线圆角历史"卷展栏中，设置"半径"为 3，如图 3-47 所示，可以得到图 3-48 所示的曲线效果。

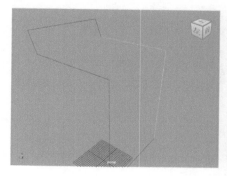

图 3-46

图 3-47

⑮ 使用同样的方法制作出其他曲线之间的圆角效果，如图 3-49 所示。

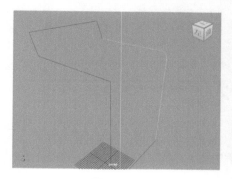

图 3-48

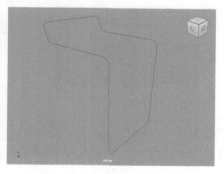

图 3-49

⑯ 选择场景中的所有曲线，双击"曲线/曲面"工具架上的"附加曲线"按钮，如图 3-50 所示。在弹出的"附加曲线选项"面板中，设置"附加方法"为"连接"，如图 3-51 所示。

图 3-50

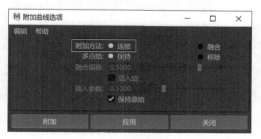

图 3-51

⑰ 单击"附加曲线选项"面板下方左侧的"附加"按钮，关闭该面板后，即可得到一条完整的曲线，如图 3-52 所示。

⑱ 选择曲线，单击"多边形建模"工具架上的"扫描网格"按钮，如图 3-53 所示，可以得到图 3-54 所示的模型效果。

⑲ 在"扫描剖面"卷展栏中，设置剖面为"矩形"，"宽度"为 3.5，"高度"为 1.5，"角半径"为 0.4，"角分段"为 3，如图 3-55 所示。

图 3-52

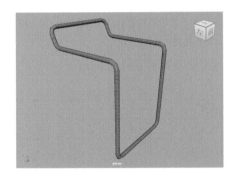

图 3-54

图 3-53

⑳ 在"变换"卷展栏中，设置"旋转剖面"为 22.3；在"插值"卷展栏中，设置"模式"为"EP 到 EP"，如图 3-56 所示。设置完成后，得到的模型效果如图 3-57 所示。

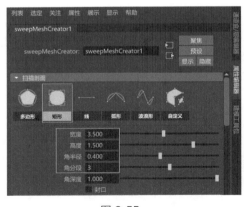

图 3-55

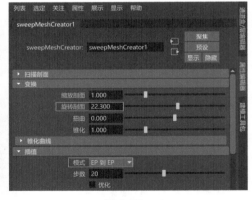

图 3-56

㉑ 将场景中之前隐藏的平面模型显示出来，调整其形态，如图 3-58 所示。

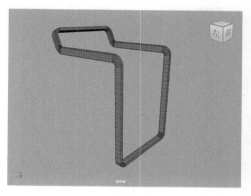

图 3-57

图 3-58

㉒ 选择图 3-59 所示的边，使用"倒角"工具制作出图 3-60 所示的模型效果。

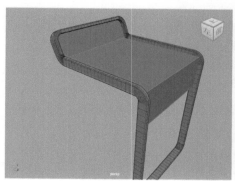

图 3-59

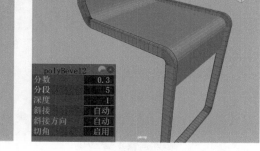

图 3-60

㉓ 选择图 3-61 所示的面，使用"挤出"工具制作出图 3-62 所示的模型效果。

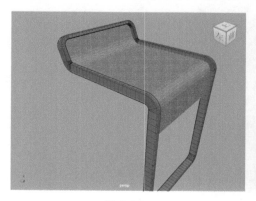

图 3-61

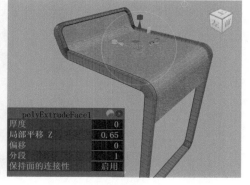

图 3-62

㉔ 选择图 3-63 所示的边，使用"倒角"工具制作出图 3-64 所示的模型效果。

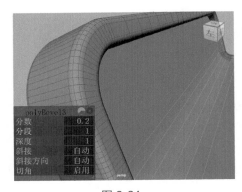

图 3-63　　　　　　　　　　　　　　　　　　　图 3-64

㉕ 单击"多边形建模"工具架上的"多边形圆柱体"按钮，如图 3-65 所示，在场景中创建一个圆柱体模型。

图 3-65

㉖ 在"通道盒 / 层编辑器"面板中，设置"平移 X"为 0，"平移 Y"为 1，"平移 Z"为 –1.5，"半径"为 17，"高度"为 2，如图 3-66 所示。

㉗ 设置完成后，圆柱体模型的视图显示效果如图 3-67 所示。

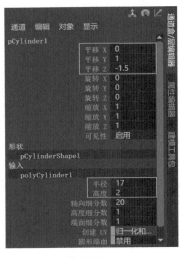

图 3-66

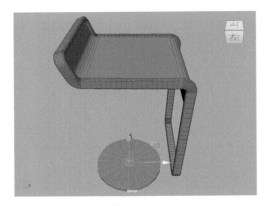

图 3-67

㉘ 选择图 3-68 所示的点，使用"倒角"工具制作出图 3-69 所示的模型效果。

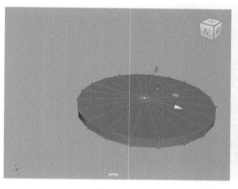

图 3-68

图 3-69

㉙ 选择图 3-70 所示的面，按住【Shift】键，使用"移动工具"制作出图 3-71 所示的模型效果。

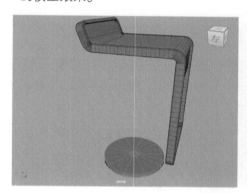

图 3-70

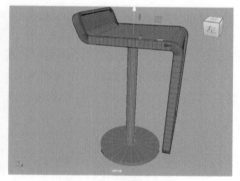

图 3-71

㉚ 选择图 3-72 所示的边，使用"倒角"工具制作出图 3-73 所示的模型效果。

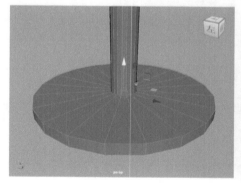

图 3-72

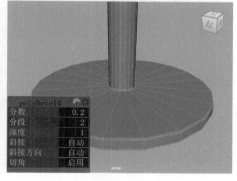

图 3-73

㉛ 本实例制作完成的最终模型效果如图 3-74 所示。

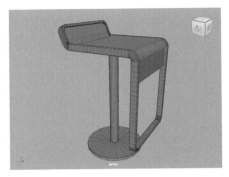

图 3-74

 学习完本实例后，读者可以尝试使用该方法制作其他结构相似的凳子模型。

3.4.3　实例：制作垃圾桶模型

🔧 实例介绍

　　本实例将使用多边形建模技术来制作一个垃圾桶模型，模型的最终渲染效果如图 3-75 所示，线框渲染效果如图 3-76 所示。

图 3-75

图 3-76

🔍 思路分析

　　在制作实例前，需要先观察垃圾桶模型的形态，然后再思考使用哪些工具来进行制作。

▶ 步骤演示

❶ 启动 Maya，单击"多边形建模"工具架上的"多边形圆柱体"按钮，如图 3-77 所示，在场景中创建一个圆柱体模型。

图 3-77

❷ 在 "通道盒 / 层编辑器" 面板中，设置 "平移 X" 为 0，"平移 Y" 为 5，"平移 Z" 为 0，"半径" 为 5，"高度" 为 10，"轴向细分数" 为 20，"高度细分数" 为 5，如图 3-78 所示。

❸ 设置完成后，圆柱体模型的视图显示效果如图 3-79 所示。

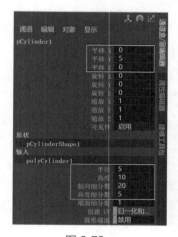

图 3-78

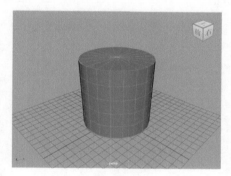

图 3-79

❹ 在 "建模工具包" 面板中，单击 "顶点选择" 按钮，如图 3-80 所示。

❺ 选择图 3-81 所示的顶点，执行菜单栏中的 "选择 > 转化当前选择 > 到面" 命令，即可选择图 3-82 所示的面。

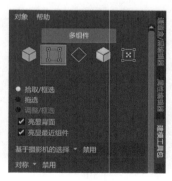

图 3-80

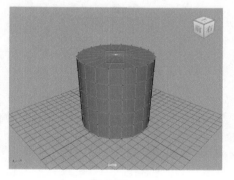

图 3-81

❻ 将所选择的面删除，得到图 3-83 所示的模型效果。

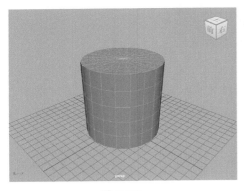
图 3-82

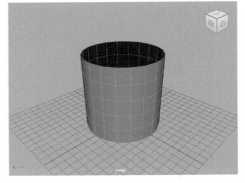
图 3-83

❼ 选择图 3-84 所示的边，使用"挤出"工具制作出图 3-85 所示的模型效果。

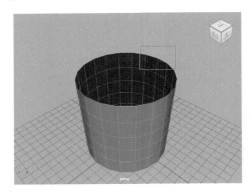
图 3-84

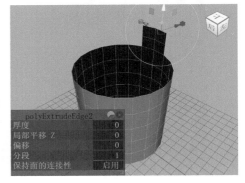
图 3-85

❽ 选择图 3-86 所示的顶点，使用"倒角"工具制作出图 3-87 所示的模型效果。

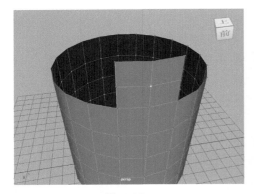
图 3-86

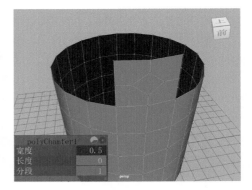
图 3-87

❾ 选择图 3-88 所示的面，将其删除后得到图 3-89 所示的模型效果。

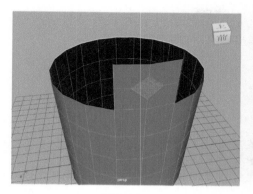

图 3-88

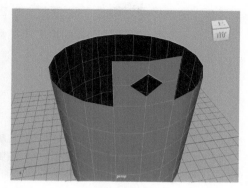

图 3-89

⑩ 选择图 3-90 所示的边，使用"倒角"工具制作出图 3-91 所示的模型效果。

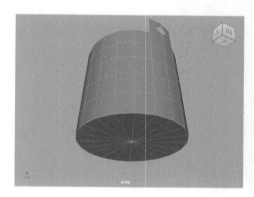

图 3-90

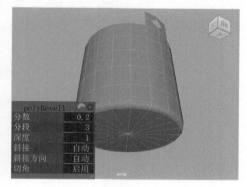

图 3-91

⑪ 选择模型上的所有面，如图 3-92 所示，使用"挤出"工具制作出图 3-93 所示的模型效果。

图 3-92

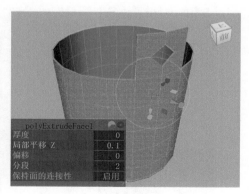

图 3-93

⑫ 选择垃圾桶模型，如图 3-94 所示。单击"绑定"工具架上的"创建晶格"按钮，如图 3-95 所示。为所选择的模型添加晶格对象，如图 3-96 所示。

图 3-94

图 3-95

图 3-96

⑬ 按住鼠标右键，在弹出的菜单中执行"晶格点"命令，如图 3-97 所示。

⑭ 使用"缩放工具"调整晶格点的位置，如图 3-98 所示。

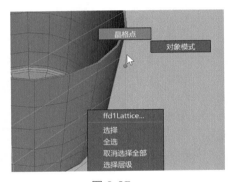
图 3-97

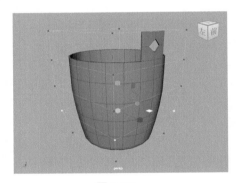
图 3-98

⑮ 设置完成后，单击"多边形建模"工具架上的"按类型删除：历史"按钮，如图 3-99 所示。

⑯ 按【3】键，对模型进行平滑显示，本实例制作完成的最终模型效果如图 3-100 所示。

图 3-99

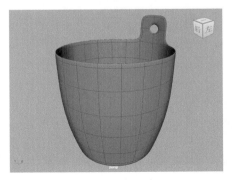
图 3-100

学习完本实例后，读者可以尝试使用该方法制作其他结构相似的桶状模型。

3.4.4　实例：制作杯子模型

实例介绍

本实例将使用多边形建模技术来制作一个杯子模型，模型的最终渲染效果如图 3-101 所示，线框渲染效果如图 3-102 所示。

图 3-101

图 3-102

思路分析

在制作实例前，需要先观察杯子模型的形态，然后再思考使用哪些工具来进行制作。

步骤演示

❶ 启动 Maya，单击"多边形建模"工具架上的"多边形圆柱体"按钮，如图 3-103 所示，在场景中创建一个圆柱体模型。

图 3-103

❷ 在"通道盒 / 层编辑器"面板中，设置"平移 X"为 0，"平移 Y"为 5，"平移 Z"为 0，"半径"为 5，"高度"为 10，"轴向细分数"为 35，"高度细分数"为 5，如图 3-104 所示。

❸ 设置完成后，圆柱体模型的视图显示效果如图 3-105 所示。

❹ 在"建模工具包"面板中，单击"边选择"按钮，如图 3-106 所示。

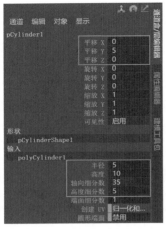

图 3-104

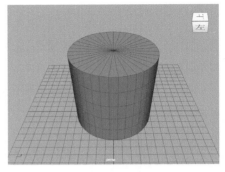

图 3-105

❺ 在 "前视图" 中，调整圆柱体模型的边线位置至如图 3-107 所示。

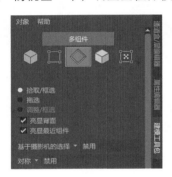

图 3-106

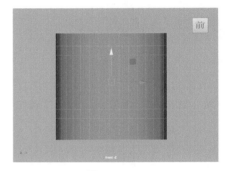

图 3-107

❻ 在 "透视视图" 中，选择图 3-108 所示的面，使用 "挤出" 工具制作出图 3-109 所示的模型效果。

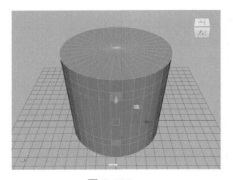

图 3-108

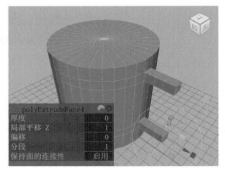

图 3-109

❼ 在"前视图"中，调整杯子模型把手位置处的顶点位置至如图 3-110 所示。

❽ 选择图 3-111 所示的面，使用"桥接"工具制作出图 3-112 所示的模型效果。

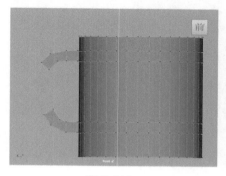

图 3-110

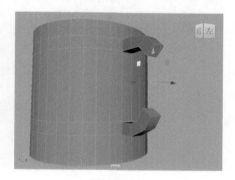

图 3-111

❾ 在"前视图"中，再次仔细调整杯子模型把手位置处的顶点位置至如图 3-113 所示。

图 3-112

图 3-113

❿ 选择图 3-114 所示的线，使用"连接"工具制作出图 3-115 所示的模型效果。

图 3-114

图 3-115

⓫ 选择图 3-116 所示的面，使用"挤出"工具制作出图 3-117 所示的模型效果。

图 3-116

图 3-117

⑫ 选择图 3-118 所示的边，使用"倒角"工具制作出图 3-119 所示的模型效果。

图 3-118

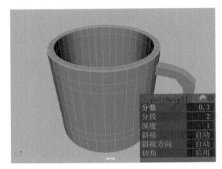

图 3-119

⑬ 在"建模工具包"面板中，单击"对象选择"按钮，如图 3-120 所示，退出模型的编辑状态。

⑭ 单击"多边形建模"工具架上的"按类型删除：历史"按钮，如图 3-121 所示。

图 3-120

图 3-121

⑮ 按【3】键，对模型进行平滑显示，本实例制作完成的最终模型效果如图 3-122 所示。

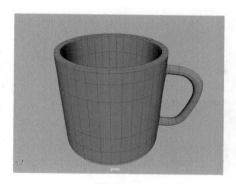

图 3-122

3.4.5 实例：制作哑铃模型

 实例介绍

本实例将使用多边形建模技术来制作一个哑铃模型，模型的最终渲染效果如图 3-123 所示，线框渲染效果如图 3-124 所示。

图 3-123

图 3-124

思路分析

在制作实例前，需要先观察哑铃模型的形态，然后再思考使用哪些工具来进行制作。

▶ **步骤演示**

❶ 启动 Maya，单击"多边形建模"工具架上的"多边形圆柱体"按钮，如图 3-125 所示。在"右视图"中创建一个圆柱体模型，如图 3-126 所示。

图 3-125

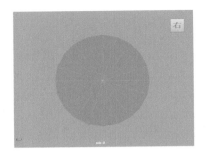

图 3-126

❷ 在"通道盒 / 层编辑器"面板中，设置圆柱体模型的"平移 X""平移 Y""平移 Z"均为 0，设置"半径"为 5，"高度"为 4，"轴向细分数"为 6，如图 3-127 所示。

❸ 将视图切换至"透视视图"，使用"移动工具"沿 x 轴向移动圆柱体模型，如图 3-128 所示。

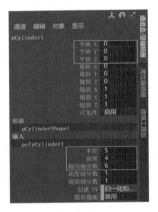

图 3-127

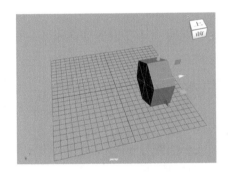

图 3-128

❹ 按住鼠标右键，在弹出的菜单中执行"边"命令，如图 3-129 所示。

❺ 选择圆柱体模型上所有的边，使用"倒角"工具制作出图 3-130 所示的模型效果。

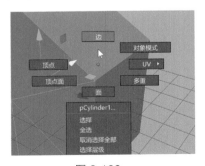

图 3-129

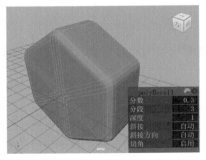

图 3-130

⑥ 选择图 3-131 所示的 6 条边。

⑦ 按住【Ctrl】键，按住鼠标右键，在弹出的菜单中执行"环形边工具 > 到环形边"
命令，如图 3-132 和图 3-133 所示。这样可以快速选择图 3-134 所示的边。

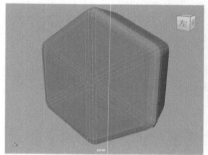

图 3-131

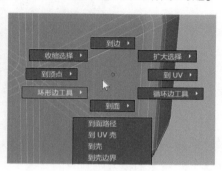

图 3-132

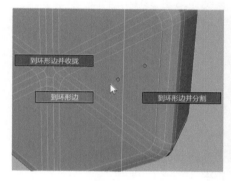

图 3-133

图 3-134

⑧ 对所选择的边使用"连接"工具，为其添加连线，如图 3-135 所示。

⑨ 选择图 3-136 所示的面，单击"多边形建模"工具架上的"圆形圆角"按钮，如
图 3-137 所示，制作出图 3-138 所示的模型效果。

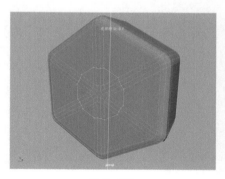

图 3-135

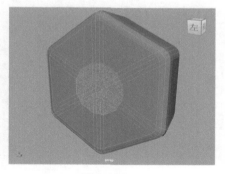

图 3-136

图 3-137

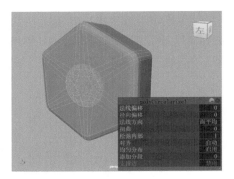

图 3-138

⑩ 对所选择的面进行多次"挤出"操作，并配合"缩放工具"微调模型，制作出图 3-139 所示的模型效果。

⑪ 选择图 3-140 所示的边，使用"倒角"工具制作出图 3-141 所示的模型效果。

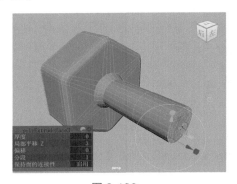

图 3-139

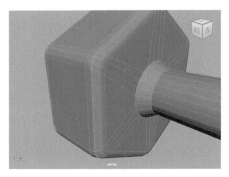

图 3-140

⑫ 设置完成后，按住鼠标右键，在弹出的菜单中执行"对象模式"命令，退出模型的编辑状态，如图 3-142 所示。

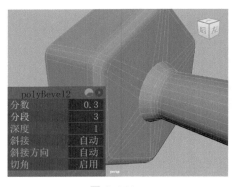

图 3-141

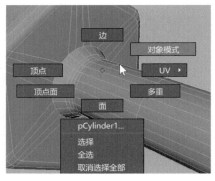

图 3-142

⑬ 单击"多边形建模"工具架上的"镜像"按钮，
如图 3-143 所示，得到图 3-144 所示的模型效果。

⑭ 按【3】键，在视图中观察添加了平滑效果之后的哑铃模
型，本实例制作完成的最终模型效果如图 3-145 所示。

图 3-143

图 3-144

图 3-145

学习完本实例后，读者可以尝试使用该方法制作其他造型相似的运动器械模型。

3.4.6　实例：制作圆凳模型

（※）实例介绍

本实例将使用多边形建模技术来制作一个圆凳模型，模型的最终渲染效果如
图 3-146 所示，线框渲染效果如图 3-147 所示。

图 3-146

图 3-147

（※）思路分析

在制作实例前，需要先观察圆凳模型的形态，然后再思考使用哪些工具来进行
制作。

步骤演示

❶ 启动 Maya，单击"多边形建模"工具架上的"多
边形圆柱体"按钮，如图 3-148 所示。在场
景中创建一个圆柱体模型，如图 3-149 所示。

图 3-148

❷ 在"属性编辑器"面板中，展开"多边形圆柱
体历史"卷展栏，设置圆柱体模型的"半径"为 17，"高度"为 2.5，"轴向细分数"
为 20，"高度细分数"和"端面细分数"均为 1，如图 3-150 所示。

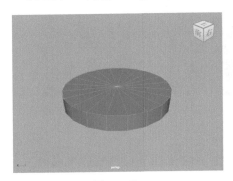

图 3-149

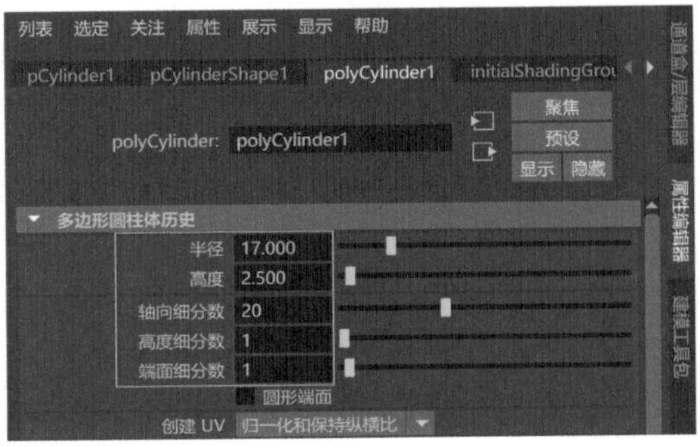

图 3-150

❸ 在"通道盒 / 层编辑器"面板中，设置圆柱体模型的"平移 X"为 0，"平移 Y"
为 47，"平移 Z"为 0，如图 3-151 所示。由于 Maya 的默认单位为厘米，所以
本实例所要制作的圆凳模型高度为 47 厘米。

❹ 选择圆柱体模型，按住鼠标右键，在弹出的菜单中执行"面"命令后，选择图 3-152
所示的面，对其进行"删除"操作，如图 3-153 所示。

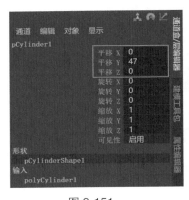

图 3-151

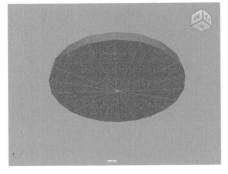

图 3-152

❺ 选择图 3-154 所示的边，对其进行"倒角"操作，制作出图 3-155 所示的模型效果。

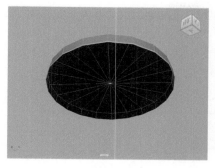

图 3-153　　　　　　　　　　　　　　图 3-154

⑥ 选择模型上所有的面，对其进行"挤出"操作，制作出凳面的厚度，如图 3-156 所示。

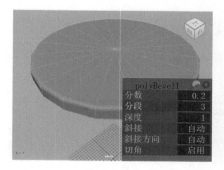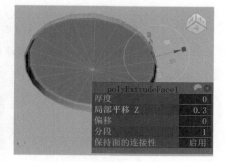

图 3-155　　　　　　　　　　　　　　图 3-156

⑦ 选择图 3-157 所示的面，对其进行"挤出"操作，制作出图 3-158 所示的模型效果。

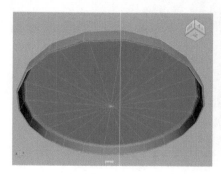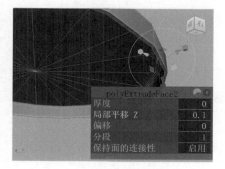

图 3-157　　　　　　　　　　　　　　图 3-158

⑧ 按住鼠标右键，在弹出的菜单中执行"对象模式"
　命令，退出模型的编辑状态，然后单击"多边形建模"
　工具架上的"平滑"按钮，如图 3-159 所示。

图 3-159

⑨ 凳面的完成效果如图 3-160 所示。

⑩ 开始制作圆凳的支撑结构。单击"多边形建模"工具架上的"多边形立方体"按钮，如图 3-161 所示。

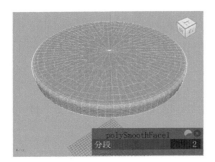

图 3-160　　　　　　　　　　　　　　　图 3-161

⑪ 在场景中创建一个长方体模型，作为圆凳的凳腿部分，如图 3-162 所示。

⑫ 在"属性编辑器"面板中，设置长方体模型的"宽度"为 2，"高度"为 46，"深度"为 2，如图 3-163 所示。

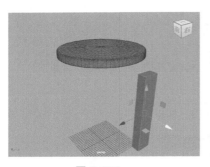

图 3-162　　　　　　　　　　　　　　　图 3-163

⑬ 选择图 3-164 所示的面，对其进行"位移"操作，并"缩放"至图 3-165 所示的大小。

⑭ 删除不需要的面后，得到图 3-166 所示的模型效果。

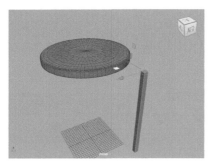

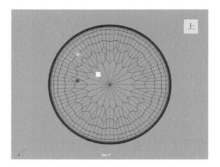

图 3-164　　　　　　　　　　　　　　　图 3-165

⑮ 选择图 3-167 所示的边，对其进行"倒角"操作，制作出图 3-168 所示的模型效果。

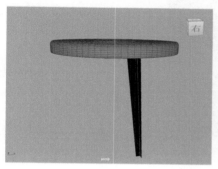

图 3-166

图 3-167

⑯ 选择凳腿上所有的面，对其进行"挤出"操作，制作出图 3-169 所示的模型效果。

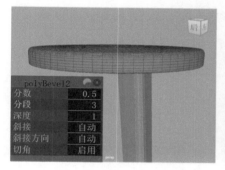

图 3-168

图 3-169

⑰ 选择图 3-170 所示的边，对其进行"连接"操作，为模型添加边线，如图 3-171 所示。

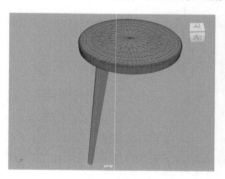

图 3-170

图 3-171

⑱ 退出模型的编辑状态，单击"多边形建模"工具架上的"镜像"按钮，如图 3-172 所示，
　在自动弹出的"polyMirror1"对话框中，设置"方向"为"+"，得到图 3-173
　所示的模型效果。

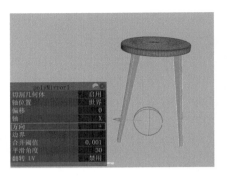

图 3-172 　　　　　　　　　　　　　　　　　　图 3-173

⑲ 再次对凳腿模型使用"镜像"工具，在自动弹出的"polyMirror2"对话框中，设置"轴"
为"Z"，"方向"为"+"，得到图 3-174 所示的模型效果。

⑳ 单击"多边形建模"工具架上的"多边形立方体"按钮，如图 3-175 所示。

图 3-174 　　　　　　　　　　　　　　　　　　图 3-175

㉑ 在场景中创建一个长方体模型，并调整位置和大小，如图 3-176 所示，制作出两
条凳腿间相连的结构。

㉒ 对其进行"镜像"操作，得到圆凳模型另一侧的结构，如图 3-177 所示。

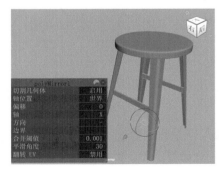

图 3-176 　　　　　　　　　　　　　　　　　　图 3-177

㉓ 对两条凳腿间相连的结构进行复制，并旋转角度，完善整个圆凳的支撑结构，如图 3-178 所示。

㉔ 本实例制作完成的最终模型效果如图 3-179 所示。

图 3-178

图 3-179

学习完本实例后，读者可以尝试使用该方法制作其他造型相似的凳子模型。

3.4.7 实例：制作排球模型

本实例将使用多边形建模技术来制作一个排球模型，模型的最终渲染效果如图 3-180 所示，线框渲染效果如图 3-181 所示。

图 3-180

图 3-181

思路分析

在制作实例前，需要先观察排球模型的形态，然后再思考使用哪些工具来进行制作。

步骤演示

❶ 启动 Maya，单击"多边形建模"工具架上的"多边形立方体"按钮，如图 3-182 所示，在场景中创建一个长方体模型。

图 3-182

❷ 在"通道盒/层编辑器"面板中，设置"平移X"为0，"平移Y"为0，"平移Z"为0，"宽度"为8，"高度"为8，"深度"为8，"细分宽度"为3，"高度细分数"为3，"深度细分数"为3，如图 3-183 所示。

❸ 设置完成后，长方体模型的视图显示效果如图 3-184 所示。

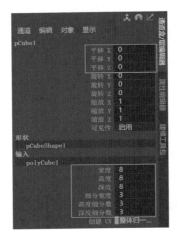

图 3-183

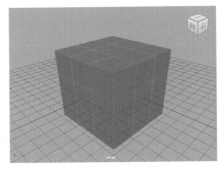

图 3-184

❹ 单击"建模工具包"面板中的"面选择"按钮，如图 3-185 所示。

❺ 选择图 3-186 所示的面，单击"多边形建模"工具架上的"提取"按钮，如图 3-187 所示，将所选择的面提取出来，如图 3-188 所示。

图 3-185

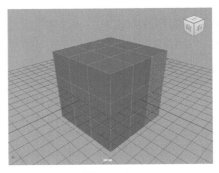

图 3-186

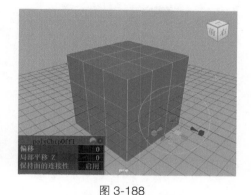

图 3-188

图 3-187

⑥ 以同样的方式将长方体模型的其他面也
提取出来，提取时注意选择面的方向应
与排球的纹理相一致。为了方便区分，
这里给从立方体模型提取出来的面设
置了不同的颜色，如图 3-189 所示。

⑦ 选择场景中所有的模型，双击"多边形
建模"工具架上的"平滑"按钮，如
图 3-190 所示。在弹出的"平滑选项"
面板中，设置"分段级别"为 2，如
图 3-191 所示。

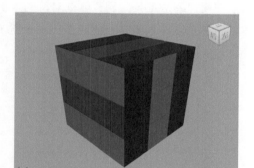

图 3-189

图 3-190

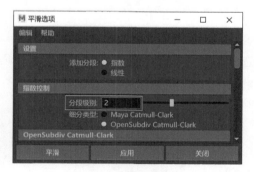

图 3-191

⑧ 单击"平滑选项"面板下方左侧的"平滑"按钮，关闭该面板，对长方体模型进
行平滑处理后的视图显示效果如图 3-192 所示。

⑨ 执行菜单栏中的"变形 > 雕刻"命令，可以看到"大纲视图"面板中多出一个雕
刻对象，如图 3-193 所示。

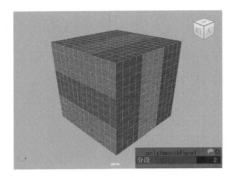

图 3-192

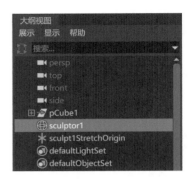

图 3-193

⑩ 使用"缩放工具"调整雕刻对象的大小，可以看到长方体模型的形状会慢慢变成球体形状，如图 3-194 和图 3-195 所示。

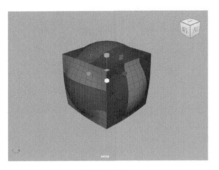

图 3-194

图 3-195

⑪ 选择场景中的所有模型，单击"多边形建模"工具架上的"按类型删除：历史"按钮，如图 3-196 所示。

⑫ 选择图 3-197 所示的面，使用"挤出"工具制作出图 3-198 所示的模型效果。

图 3-196

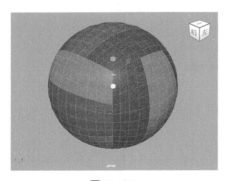

图 3-197

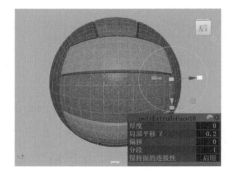

图 3-198

⑬ 退出模型的编辑状态，观察排球模型的视图显示效果，如图3-199所示。

⑭ 选择场景中的所有模型，单击"多边形建模"工具架上的"结合"按钮，如图3-200所示。

⑮ 单击"多边形建模"工具架上的"按类型删除：历史"按钮，如图3-201所示。

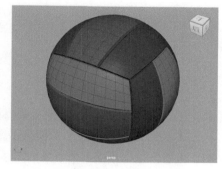

图 3-199

图 3-200

图 3-201

⑯ 将排球内部的面全部删除，如图3-202所示。

⑰ 选择排球模型上所有的点，如图3-203所示，单击"多边形建模"工具架上的"合并"按钮，如图3-204所示。

⑱ 按【3】键，对排球模型进行平滑处理，本实例制作完成的最终模型效果如图3-205所示。

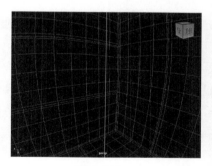

图 3-202

图 3-203

图 3-204

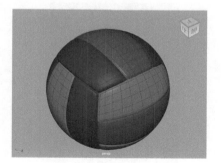

图 3-205

学习完本实例后，读者可以尝试使用该方法制作其他造型相似的球体模型。

3.4.8　实例：制作足球模型

实例介绍

　　本实例将使用多边形建模技术来制作一个足球模型，模型的最终渲染效果如图 3-206 所示，线框渲染效果如图 3-207 所示。

图 3-206　　　　　　　　　　　　　　　　图 3-207

思路分析

　　在制作实例前，需要先观察足球模型的形态，然后再思考使用哪些工具来进行制作。

步骤演示

❶ 启动 Maya，用鼠标右键单击"多边形建模"工具架上的"柏拉图多面体"按钮，在弹出的菜单中执行"足球"命令，如图 3-208 所示，在场景中创建一个足球模型。

❷ 在"通道盒 / 层编辑器"面板中，设置"平移 X"为 0，"平移 Y"为 0，"平移 Z"为 0，"半径"为 10，如图 3-209 所示。

图 3-208　　　　　　　　　　　　　　　　图 3-209

❸ 设置完成后，足球模型的视图显示效果如
图 3-210 所示。

❹ 选择足球模型上所有的面，如图 3-211 所示。
双击"多边形建模"工具架上的"提取"按钮，
如图 3-212 所示。

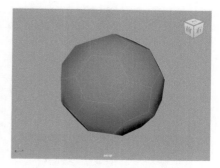

图 3-210

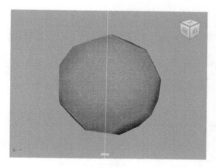

图 3-211

图 3-212

❺ 在弹出的"提取选项"面板中，取消勾选"分离提取的面"复选框，如图 3-213 所示。

❻ 单击"提取选项"面板下方左侧的"提取"按钮，关闭该面板，设置"保持面的连接
性"为"禁用"，如图 3-214 所示。

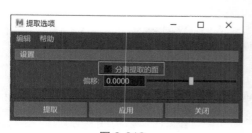

图 3-213

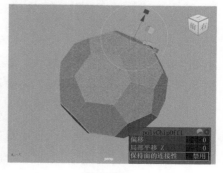

图 3-214

❼ 选择场景中所有的模型，双击"多边形建模"工具架上的"平滑"按钮，如
图 3-215 所示。在弹出的"平滑选项"面板中，设置"分段级别"为 2，如图 3-216
所示。

图 3-215

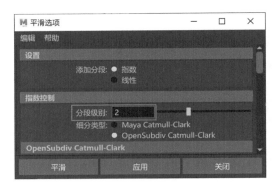

图 3-216

⑧ 单击"平滑选项"面板下方左侧的"平滑"按钮，关闭该面板，对足球模型进行
　平滑处理后的视图显示效果如图 3-217 所示。

⑨ 为了方便观察，这里将足球模型上的五边面设置为黑色，如图 3-218 所示。

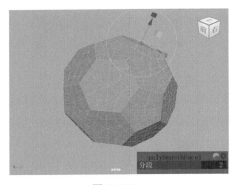

图 3-217

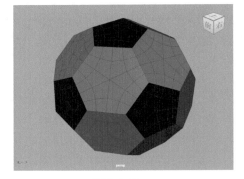

图 3-218

⑩ 执行菜单栏中的"变形 > 雕刻"命令，可以
　看到"大纲视图"面板中多出一个雕刻对象，
　如图 3-219 所示。

⑪ 使用"缩放工具"调整雕刻对象的大小，可
　以看到足球模型的形状会慢慢变成球体形状，
　如图 3-220 和图 3-221 所示。

⑫ 选择场景中的足球模型，单击"多边形建模"
　工具架上的"按类型删除：历史"按钮，如
　图 3-222 所示。

图 3-219

图 3-220

图 3-221

图 3-222

⑬ 选择图 3-223 所示的面，使用"挤出"工具制作出图 3-224 所示的模型效果。

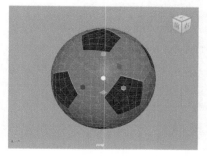

图 3-223

图 3-224

⑭ 将足球内部的面全部删除，如图 3-225 所示。

⑮ 选择足球模型上所有的点，如图 3-226 所示，单击"多边形建模"工具架上的"合并"按钮，如图 3-227 所示。

⑯ 按【3】键，对足球模型进行平滑处理，本实例制作完成的最终模型效果如图 3-228 所示。

图 3-225

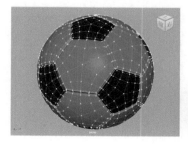

图 3-226

图 3-227

图 3-228

学习完本实例后，读者可以尝试使用该方法制作其他造型相似的球体模型。

3.4.9　实例：制作沙发模型

实例介绍

本实例将使用多边形建模技术来制作一个沙发模型，模型的最终渲染效果如图 3-229 所示，线框渲染效果如图 3-230 所示。

图 3-229

图 3-230

思路分析

在制作实例前，需要先观察沙发模型的形态，然后再思考使用哪些工具来进行制作。

步骤演示

❶ 启动 Maya，单击"多边形建模"工具架上的"多边形立方体"按钮，如图 3-231 所示，在场景中创建一个长方体模型。

❷ 在"通道盒 / 层编辑器"面板中，设置"平移 X"为 0，"平移 Y"为 30，"平移 Z"为 0，"宽度"为 80，"高度"为 25，"深度"为 60，如图 3-232 所示。

图 3-231

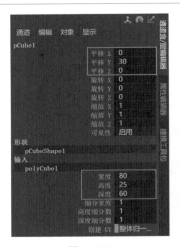

图 3-232

③ 设置完成后，长方体模型的视图显示效果如图 3-233 所示。

④ 单击"建模工具包"面板中的"边选择"按钮，如图 3-234 所示。

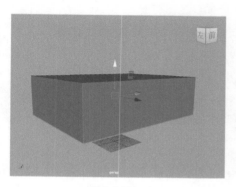

图 3-233

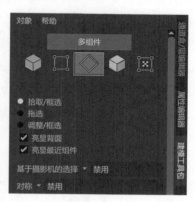

图 3-234

⑤ 选择图 3-235 所示的边，使用"移动工具"调整其位置，如图 3-236 所示。

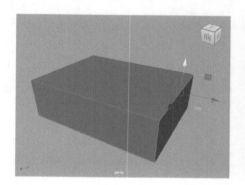

图 3-235

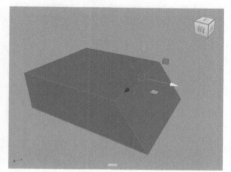

图 3-236

⑥ 选择图 3-237 所示的面，使用"挤出"工具制作出图 3-238 所示的模型效果。

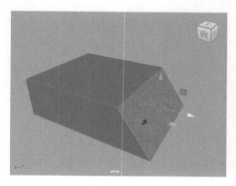

图 3-237

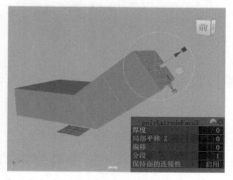

图 3-238

❼ 使用"移动工具"在"前视图"中调整
　模型的顶点位置，如图 3-239 所示，
　制作出沙发靠背部分的形状。

❽ 选择图 3-240 所示的边，使用"倒角"
　工具制作出图 3-241 所示的模型效果。

❾ 选择图 3-242 所示的边，使用"倒角"
　工具制作出图 3-243 所示的模型效果。

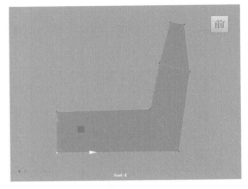

图 3-239

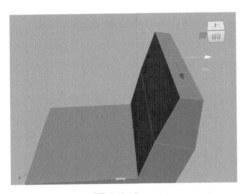

图 3-240

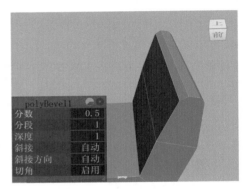

图 3-241

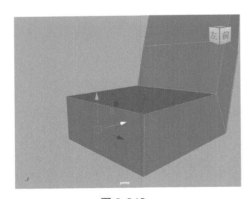

图 3-242

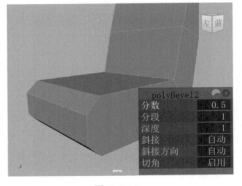

图 3-243

❿ 选择图 3-244 所示的边，使用"倒角"工具制作出图 3-245 所示的模型效果。

⓫ 选择图 3-246 所示的边，使用"倒角"工具制作出图 3-247 所示的模型效果。

⓬ 选择图 3-248 所示的边，使用"倒角"工具制作出图 3-249 所示的模型效果。

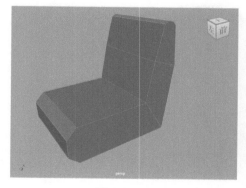

图 3-244

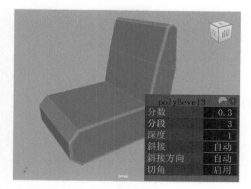

图 3-245

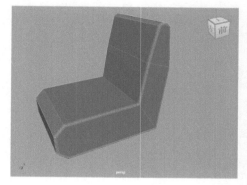

图 3-246

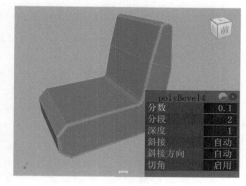

图 3-247

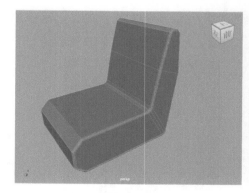

图 3-248

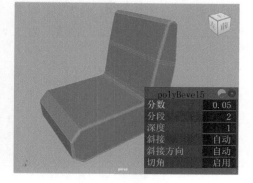

图 3-249

⑬ 在"前视图"中，调整沙发靠背处的顶点位置，如图 3-250 所示。

⑭ 选择图 3-251 所示的面，使用"挤出"工具制作出图 3-252 所示的模型细节。

⑮ 设置完成后，退出模型的编辑状态，按【3】键，对模型进行平滑处理，沙发靠背模型的完成效果如图 3-253 所示。

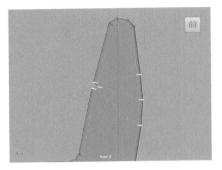

图 3-250

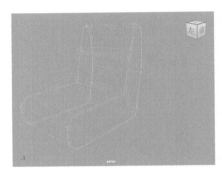

图 3-251

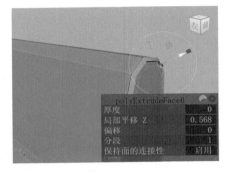

图 3-252

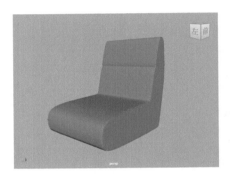

图 3-253

⑯ 单击"多边形建模"工具架上的"多边形立方体"按钮，如图 3-254 所示，在场景中再次创建一个长方体模型。

⑰ 在"通道盒/层编辑器"面板中，设置"平移 X"为 0，"平移 Y"为 25，"平移 Z"为 0，"宽度"为 80，"高度"为 50，"深度"为 70，如图 3-255 所示。

图 3-254

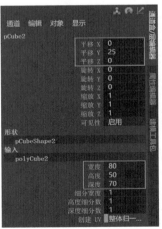

图 3-255

⑱ 设置完成后，长方体模型的视图显示效果如图 3-256 所示。

⑲ 在"前视图"中，调整长方体模型的顶点位置，如图 3-257 所示。

图 3-256

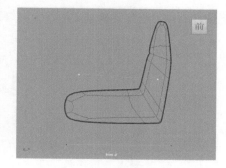

图 3-257

⑳ 选择图 3-258 所示的边，使用"倒角"工具制作出图 3-259 所示的模型效果。

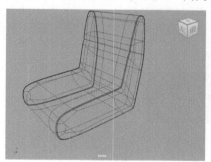

图 3-258

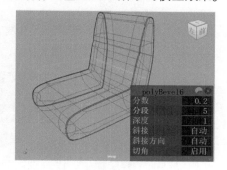

图 3-259

㉑ 选择图 3-260 所示的边，单击菜单栏中的"修改 > 转化 > 多边形边到曲线"右侧
的方形按钮，在弹出的"多边形到曲线选项"面板中，设置"次数"为"1—次"，
如图 3-261 所示。

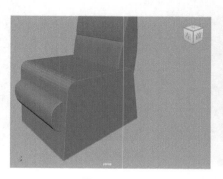

图 3-260

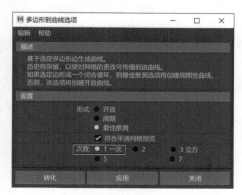

图 3-261

㉒ 单击"多边形到曲线选项"面板下方左侧的"转化"按钮，关闭该面板，即可在场景中生成一条图 3-262 所示的曲线。

㉓ 将刚刚创建的长方体模型删除，如图 3-263 所示。

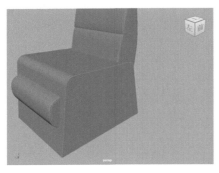

图 3-262　　　　　　　　　　　　　图 3-263

㉔ 选择曲线，单击"多边形建模"工具架上的"扫描网格"按钮，如图 3-264 所示，即可得到图 3-265 所示的模型效果。

图 3-264

㉕ 在"扫描剖面"卷展栏中，设置剖面为"矩形"，"宽度"为 7，"高度"为 3，"角半径"为 0.5，"角分段"为 3，如图 3-266 所示。

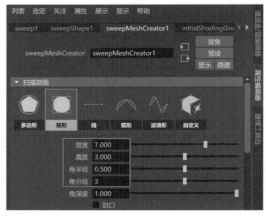

图 3-265　　　　　　　　　　　　　图 3-266

㉖ 在"插值"卷展栏中，设置"模式"为"EP 到 EP"，"步数"为 2，如图 3-267 所示。

㉗ 制作完成后的沙发扶手模型显示效果如图 3-268 所示。

图 3-267

图 3-268

㉘ 复制一个沙发扶手模型，并调整位置至沙发的另一侧，如图 3-269 所示。

㉙ 本实例制作完成的最终模型效果如图 3-270 所示。

图 3-269

图 3-270

学习完本实例后，读者可以尝试使用该方法制作其他造型相似的家具模型。

3.4.10　实例：制作瓶子模型

⚙ 实例介绍

　　本实例将使用多边形建模技术来制作一个瓶子模型，模型的最终渲染效果如图 3-271 所示，线框渲染效果如图 3-272 所示。

🔍 思路分析

　　在制作实例前，需要先观察瓶子模型的形态，然后再思考使用哪些工具来进行制作。

图 3-271

图 3-272

步骤演示

❶ 启动 Maya，单击"多边形建模"工具架上的"多边形立方体"按钮，如图 3-273
所示，在场景中创建一个长方体模型。

❷ 在"通道盒 / 层编辑器"面板中，设置"平移 X"为 0，"平移 Y"为 4.5，"平移 Z"
为 0，"宽度"为 6，"高度"为 9，"深度"为 6，如图 3-274 所示。

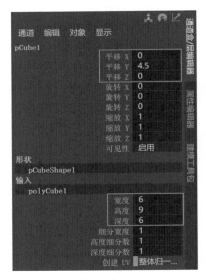

图 3-273

图 3-274

❸ 设置完成后，长方体模型的视图显示效果如图 3-275 所示。

❹ 单击"建模工具包"面板中的"边选择"按钮，如图 3-276 所示。

❺ 选择图 3-277 所示的边，使用"倒角"工具制作出图 3-278 所示的模型效果。

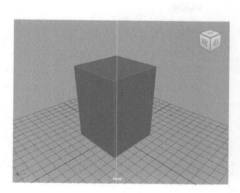

图 3-275

图 3-276

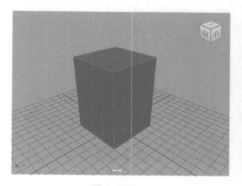

图 3-277

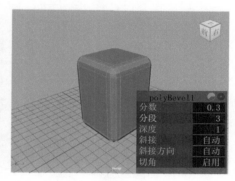

图 3-278

⑥ 选择图 3-279 所示的边，对其进行"连接"操作，为模型添加边线，如图 3-280 所示。

图 3-279

图 3-280

⑦ 对长方体模型另一侧的边也进行同样的操作，制作出图 3-281 所示的模型效果。

⑧ 选择图 3-282 所示的面，单击"多边形建模"工具架上的"圆形圆角"按钮，如图 3-283 所示，制作出图 3-284 所示的模型效果。

图 3-281

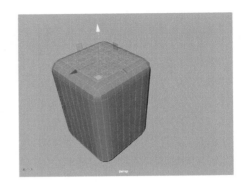

图 3-282

图 3-283

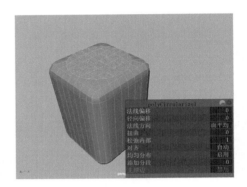

图 3-284

⑨ 对所选择的面进行多次"挤出"操作，并配合"缩放工具"进行微调，制作出图 3-285 所示的模型效果。

⑩ 将瓶口上所选择的面删除，如图 3-286 所示。

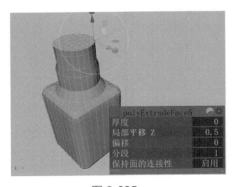

图 3-285

图 3-286

⑪ 选择图 3-287 所示的面，使用"圆形圆角"工具制作出图 3-288 所示的模型效果。

图 3-287

图 3-288

⑫ 对所选择的面进行"挤出"操作，并配合"缩放工具"微调模型，制作出瓶底的结构细节，如图 3-289 所示。

⑬ 选择瓶子模型上所有的面，对其进行"挤出"操作，制作出瓶子的厚度，如图 3-290 所示。

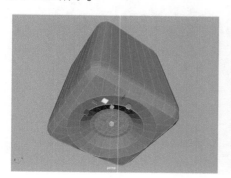

图 3-289

图 3-290

⑭ 选择图 3-291 所示瓶口附近的面，对其进行多次"挤出"操作，并配合"缩放工具"丰富瓶口的细节，如图 3-292 所示。

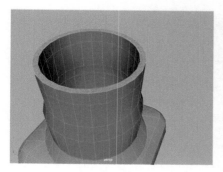

图 3-291

图 3-292

⑮ 选择瓶子模型，单击"多边形建模"工具架上的"按类型删除：历史"按钮，如图 3-293 所示，删除模型的建模历史。

图 3-293

技巧与提示

　　在删除模型的建模历史之前，用户观察"通道盒／层编辑器"面板，可以看到制作这个瓶子模型所用到的所有命令，如图 3-294 所示。而当删除模型的建模历史后，则会在"通道盒／层编辑器"面板中清除掉这些命令，如图 3-295 所示。

图 3-294

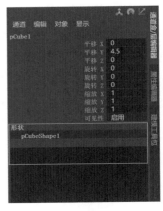

图 3-295

⑯ 本实例制作完成的最终模型效果如图 3-296 所示。

图 3-296

学习完本实例后，读者可以尝试使用该方法制作其他造型相似的瓶子模型。

第 4 章

灯光技术

4.1　灯光概述

通常，在学习完三维软件的建模技术之后，就要开始接触灯光，将灯光知识的讲解放在建模的后面，是因为做好的模型有些需要渲染以方便查看模型的最终视觉效果。Maya 的默认渲染器是 Arnold 渲染器，如果场景中没有灯光的话，场景的渲染结果将会是一片漆黑，什么都看不到。将灯光知识的讲解放在材质的前面也是这个原因，因为没有一个理想的照明环境，什么好看的材质都无法渲染出来。所以，在学习完建模技术之后，并在学习材质技术之前，熟练掌握灯光的设置尤为重要！学习灯光技术时，首先要对模拟的灯光环境有所了解，建议读者多留意身边的光影现象并拍下照片用来当作项目制作时的重要参考素材。图 4-1 ～图 4-4 所示分别为笔者在平时生活中所拍摄的几张有关光影特效的照片素材。

图 4-1

图 4-2

图 4-3

图 4-4

Maya 为用户提供了两套灯光系统：一套是 Maya 早期版本一直延续下来的标准灯光系统，用户在"渲染"工具架上可以找到；另一套是 Arnold 渲染器提供的灯光系统，在"Arnold"工具架上可以找到。下面将分别对其进行讲解。

4.2　Maya 内置灯光

Maya 的内置灯光系统在"渲染"工具架上的前半部分可以找到，如图 4-5 所示。扫描图 4-6 中的二维码，可观看内置灯光的详解视频。

图 4-5　　　　　　　　　　　　　　　　图 4-6

4.3　Arnold 灯光

Maya 整合出了全新的 Arnold 灯光系统，使用这一套灯光系统并配合 Arnold 渲染器，用户可以渲染出非常写实的画面效果。用户可以在"Arnold"工具架上找到并使用这些全新的灯光按钮，如图 4-7 所示。扫描图 4-8 中的二维码，可观看 Arnold 灯光的详解视频。

图 4-7　　　　　　　　　　　　　　　　图 4-8

4.4　技术实例

4.4.1　实例：制作静物灯光照明效果

🔧 实例介绍

本实例将使用"Area Light"（区域光）来制作室内静物的灯光照明效果。图 4-9 所示为本实例的最终完成效果。

图 4-9

◆◇ **思路分析**

　　在制作实例前，需要先观察静物类的照明效果，再思考选择哪个灯光工具来进行制作。

▶ **步骤演示**

① 启动 Maya，打开本书配套资源"苹果
.mb"文件，场景中有一个苹果的摆件
模型，并预先设置好了材质和摄影机
的机位，如图 4-10 所示。

② 单击"Arnold"工具架上的"Create
Area Light"（创建区域光）按钮，如
图 4-11 所示。

③ 在场景中创建一个区域光，如图 4-12
所示。

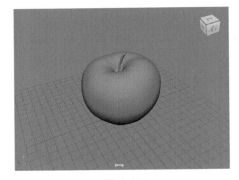

图 4-10

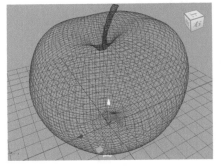

图 4-11　　　　　　　　　　图 4-12

④ 在"通道盒 / 层编辑器"面板中，设置"平移 X"为 0，"平移 Y"为 30，"平移 Z"

为 30，"旋转 X"为 –45，"旋转 Y"为 0，"旋转 Z"为 0，"缩放 X"为 5，"缩放 Y"为 5，"缩放 Z"为 5，如图 4-13 所示。

⑤ 设置完成后，观察场景，灯光的位置及角度如图 4-14 所示。

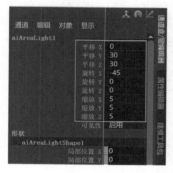

图 4-13

图 4-14

⑥ 在"属性编辑器"面板中，展开"Arnold Area Light Attributes"（Arnold 区域光属性）卷展栏，设置灯光的"Intensity"（强度）为 300，"Exposure"（曝光）为 6，如图 4-15 所示。

⑦ 设置完成后，单击"Arnold"工具架上的"Render"（渲染）按钮，如图 4-16 所示。

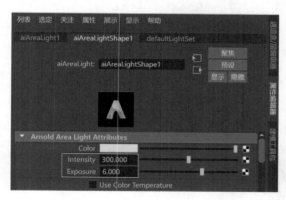

图 4-15

图 4-16

⑧ 渲染场景，渲染效果如图 4-17 所示。

⑨ 从渲染效果上来看，苹果模型下方的阴影过于黑了，这时可以考虑在场景中添加辅助光源来提亮画面的暗部。将之前的区域光进行复制，如图 4-18 所示。

⑩ 在"通道盒 / 层编辑器"面板中，设置"平移 X"为 0，"平移 Y"为 25，"平移 Z"为 0，"旋转 X"为 –90，如图 4-19 所示。

图 4-17

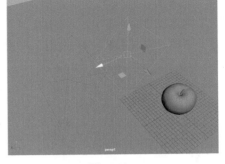

图 4-18

⑪ 设置完成后，灯光的位置及照射角度如图 4-20 所示。

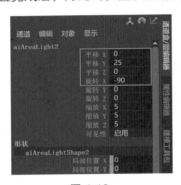

图 4-19

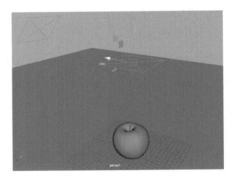

图 4-20

⑫ 在"属性编辑器"面板中，展开"Arnold Area Light Attributes"（Arnold 区域光属性）卷展栏，设置灯光的"Intensity"（强度）为 50，"Exposure"（曝光）为 3，如图 4-21 所示。

⑬ 设置完成后，回到摄影机视图，再次渲染场景，渲染效果如图 4-22 所示。

图 4-21

图 4-22

⑭ 使用 Arnold 渲染器渲染图像后，如果渲染出来的图像亮度只是稍微偏暗的话，可以通过调整图像的"Gamma"值和"Exposure"值来增加图像的亮度，而不必调整灯光参数值重新进行渲染计算。单击"Display Settings"（显示设置）按钮，在"Display"（显示）选项卡中，设置渲染图像的"Gamma"为 1.5，这样可以提高渲染图像的整体亮度，如图 4-23 所示。

⑮ 本实例的最终渲染效果如图 4-24 所示。

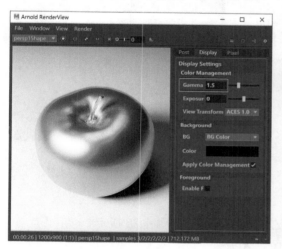

图 4-23

图 4-24

技巧与提示

当对渲染图像的"Gamma"和"Exposure"值进行设置后，在保存图像前，应执行菜单栏中的"File>Save Image Options"（文件 > 保存图像选项）命令，如图 4-25 所示。在弹出的"Save Image Options"（保存图像选项）对话框中，勾选"Apply Gamma/Exposure"（应用 Gamma/ 曝光）复选框，如图 4-26 所示。然后再保存文件。

图 4-25

图 4-26

学习完本实例后，读者可以尝试制作其他产品或静物灯光照明效果。

4.4.2　实例：制作夜灯照明效果

实例介绍

本实例将讲解夜灯照明效果的制作技巧。图 4-27 所示为本实例的最终完成效果。

思路分析

在制作实例前，需要先观察夜灯的照明效果，再思考选择哪个灯光工具来进行制作。

图 4-27

步骤演示

❶ 启动 Maya，打开本书配套资源"夜灯 .mb"文件，如图 4-28 所示。

❷ 选择场景中的线条状蜥蜴模型，如图 4-29 所示。

图 4-28

图 4-29

❸ 单击"Arnold"工具架上的"Create Mesh Light"（创建网格灯光）按钮，如图 4-30 所示。即可将所选择的多边形模型设置为灯光。

❹ 设置完成后，观察场景，现在可以看到蜥蜴模型呈红色线框显示，如图 4-31 所示。

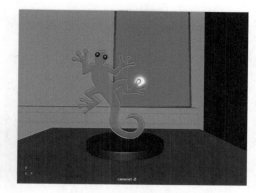

图 4-30

图 4-31

⑤ 在"属性编辑器"面板中，展开"Light Attributes"（灯光属性）卷展栏，设置 "Intensity"（强度）为 20，"Exposure"（曝光）为 8，增加灯光的照明强度； 勾选"Use Color Temperature"（使用色温）复选框，设置"Temperature"（温度）为 3000，这样灯光的颜色将显示为橙色；勾选"Light Visible"（灯光可见）复选框，设置灯光为可渲染状态，如图 4-32 所示。

⑥ 设置完成后，渲染场景，渲染效果如图 4-33 所示。

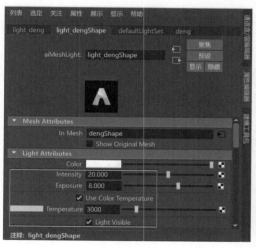

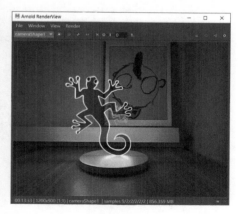

图 4-32

图 4-33

⑦ 设置渲染图像的"View Transform"为"sRGB gamma"，"Gamma"为 2.5，可以发现渲染画面的亮度明显增加了许多，如图 4-34 所示。

⑧ 本实例的最终渲染效果如图 4-35 所示。

图 4-34

图 4-35

学习完本实例后，读者可以尝试制作其他灯具的夜灯照明效果。

4.4.3　实例：制作室内自然光效果

实例介绍

　　本实例将讲解室内自然光效果的制作技巧。图 4-36 所示为本实例的最终完成效果。

思路分析

　　在制作实例前，需要先观察室内自然光效果，再思考选择哪个灯光工具来进行制作。

图 4-36

步骤演示

❶ 启动 Maya，打开本书配套资源"卧室 .mb"文件，这是一个儿童房的室内场景模型，并预先设置好了材质及摄影机的机位，如图 4-37 所示。

❷ 单击"Arnold"工具架上的"Create Area Light"（创建区域光）按钮，如图 4-38 所示，在场景中创建一个 Arnold 渲染器的区域灯光。

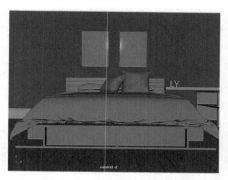

图 4-37

图 4-38

③ 按【R】键，使用"缩放工具"对区域灯光进行缩放，在"右视图"中调整其大小，如图 4-39 所示，与场景中房间的窗户大小相近即可。

④ 使用"移动工具"调整区域灯光的位置，如图 4-40 所示，将灯光放置在房间中窗户模型的外面位置处。

图 4-39

图 4-40

⑤ 在"属性编辑器"面板中，展开"Arnold Area Light Attributes"（Arnold 区域光属性）卷展栏，设置灯光的"Intensity"（强度）为 300，"Exposure"（曝光）为 10，如图 4-41 所示。

⑥ 观察场景中的房间模型，可以看到该房间的一侧墙上有两个窗户，所以将刚刚创建的区域灯光选中，按住【Shift】键，配合"移

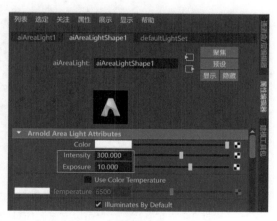

图 4-41

动工具"复制一个灯光，并调整其位置至另一个窗户模型的位置处，如图 4-42 所示。

❼ 设置完成后，渲染场景，可以看到默认状态下，渲染出来的画面略微偏暗，如图 4-43 所示。

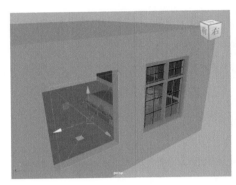

图 4-42 图 4-43

❽ 在"Display"（显示）选项卡中，设置"Gamma"为 1.5，可以发现渲染画面的亮度明显增加了许多，如图 4-44 所示。

❾ 本实例的最终渲染效果如图 4-45 所示。

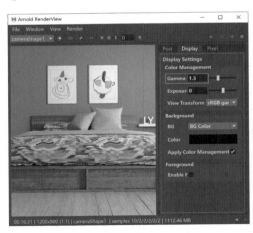

图 4-44 图 4-45

学习完本实例后，读者可以尝试制作其他的室内自然光效果。

4.4.4　实例：制作室内阳光效果

🔧 **实例介绍**

　　本实例仍然使用上一实例的场景文件来为读者讲解怎样制作阳光透过窗户照射进屋内的效果，本实例的最终渲染效果如图 4-46 所示。

🔩 **思路分析**

　　在制作实例前，需要先观察室内阳光效果，再思考选择哪个灯光工具来进行制作。

图 4-46

▶ **步骤演示**

① 启动 Maya，打开本书配套资源"卧室.mb"文件，如图 4-47 所示。

② 本实例打算模拟阳光直射进室内的效果，所以选择"Arnold"工具架上的"Create Physical Sky"（创建物理天空）工具，如图 4-48 所示。

③ 单击"Create Physical Sky"（创建物理天空）按钮后，系统会在场景中创建一个物理天空灯光，如图 4-49 所示。

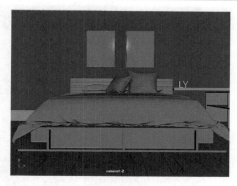

图 4-47

图 4-48

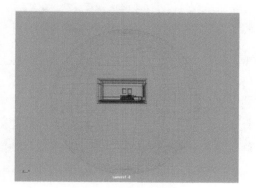

图 4-49

④ 在"属性编辑器"面板中，设置"Elevation"（海拔）为 25，"Azimuth"（方位）

为 45，调整阳光的照射角度；设置"Intensity"（强度）为 15，增加阳光的亮度；设置"Sun Size"（太阳尺寸）为 1，增加太阳的尺寸，该值可以影响阳光对模型产生的阴影效果，如图 4-50 所示。

❺ 设置完成后，渲染场景，渲染效果如图 4-51 所示。

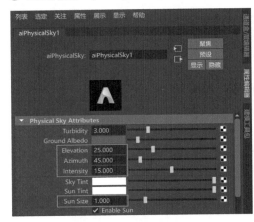
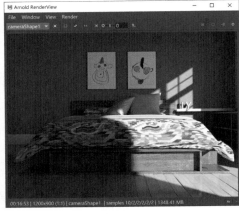

图 4-50　　　　　　　　　　　　　　　　　　图 4-51

❻ 观察渲染效果，可以看到渲染出来的图像还是略微偏暗，这时可以调整渲染窗口右边"Display"选项卡中的"Gamma"值为 2，将渲染图像调亮，得到较为理想的光影渲染效果，如图 4-52 所示。

❼ 本实例的最终渲染效果如图 4-53 所示。

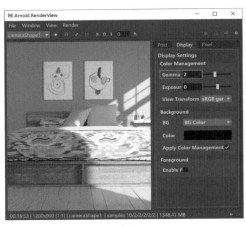

图 4-52　　　　　　　　　　　　　　　　　　图 4-53

学习完本实例后，读者可以尝试制作室外阳光效果。

第 5 章

材质技术

5.1 材质概述

    Maya 为用户提供了功能丰富的材质编辑系统，用于模拟自然界中存在的各种各样的物体质感。就像绘画中的色彩一样，材质可以赋予三维模型生命，使得场景充满活力，让渲染出来的作品仿佛原本就存在于这真实世界之中一样。Maya 的标准曲面材质包含物体的表面纹理、高光、透明度、自发光、反射及折射等多种属性。要想利用好这些属性制作出效果逼真的质感，读者应多观察身边真实物体的质感特征。图 5-1～图 5-4 所示为笔者所拍摄的几种常见物体的质感照片。

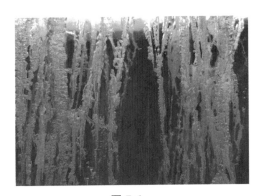

图 5-1

图 5-2

图 5-3

图 5-4

    Maya 在默认状态下为场景中的所有曲面模型和多边形模型都赋予了一个公用的材质——Lambert 材质。用户选择场景中的模型后，可以在"属性编辑器"面板的最后一个选项卡中看到该材质的所有属性，如图 5-5 所示。如果用户更改了该材质的颜色属性，那么会对之后创建出来的所有模型产生影响。

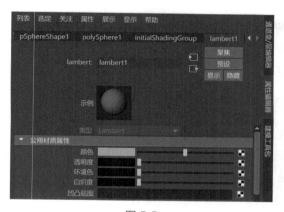

图 5-5

5.2 标准曲面材质

有关材质的工具位于"渲染"工具架上，如图 5-6 所示。标准曲面材质与 Arnold 渲染器的兼容性良好，而且中文的参数名称更加方便用户在 Maya 中进行材质的制作。

该材质是一种基于物理的着色器，能够生成许多类型的材质。它包括漫反射层、适用于金属的具有复杂菲涅尔的镜面反射层、适用于玻璃的镜面反射透射层、适用于蒙皮的次表面散射层、适用于水和冰的薄散射层、次镜面反射涂层和灯光发射层。标准曲面材质可以用来制作日常所能见到的大部分材质。扫描图 5-7 中的二维码，可观看标准曲面材质的详解视频。

图 5-6

视频微课　知识点

◆ 为模型添加材质
◆ 材质选项卡
◆ 标准曲面材质的基本属性

标准曲面材质

图 5-7

5.3 "Hypershade"窗口

Maya 为用户提供了一个用于管理场景里所有材质球的工作界面，即"Hypershade"窗口。如果用户对 3ds Max 有一点了解的话，就可以把"Hypershade"窗口理解为 3ds Max 里的材质编辑器。执行菜单栏中的"窗口 > 渲染编辑器 >Hypershade"命令即可打开"Hypershade"窗口，该窗口由多个不同功能的面板组合而成，包括"浏览器"面板、"材质查看器"面板、"创建"面板、"存储箱"面板、"工作区"面板及

"特性编辑器"面板，如图 5-8 所示。不过，在项目的制作过程中，用户很少去打开"Hypershade"窗口。因为在 Maya 中，调整物体的材质在"属性编辑器"面板中即可完成。扫描图 5-9 中的二维码，可观看"Hypershade"窗口的详解视频。

图 5-8

视频微课　　知识点
● 打开"Hypershade"窗口
● 材质查看器
● 材质整理
● 使用场景材质

"Hypershade"窗口

图 5-9

5.4　技术实例

5.4.1　实例：制作玻璃材质模型

实例介绍

　　本实例主要讲解如何使用标准曲面材质制作玻璃材质模型，最终渲染效果如图 5-10 所示。

思路分析

　　在制作实例前，需要先观察身边玻璃类物品的质感特征，再思考需要调整哪些参数来进行制作。

图 5-10

步骤演示

❶ 打开本书配套资源"玻璃材质场景 .mb"文件，本实例为制作一个简单的室内模型，里面主要包含一组玻璃模型及简单的配景模型，并且已经设置好了灯光及摄影机，如图 5-11 所示。

❷ 选择场景中的瓶子和酒杯模型，如图 5-12 所示。

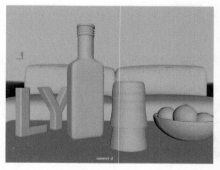
图 5-11

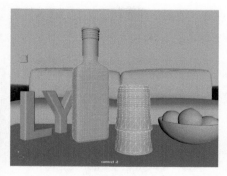
图 5-12

③ 单击"渲染"工具架上的"标准曲面材质"按钮，如图 5-13 所示，为选择的模型
指定标准曲面材质。

图 5-13

技巧与提示

　　为模型添加材质，用户还可以单击鼠标右键，在弹出的菜单中执行"指定新
材质"命令，在"指定新材质"面板中，选择"标准曲面"选项，如图 5-14 所示，
为选择的模型添加标准曲面材质。

④ 在"属性编辑器"面板中，展开"镜面反射"卷展栏，设置"权重"为 1，"粗糙度"
为 0，增强材质的镜面反射效果，如图 5-15 所示。

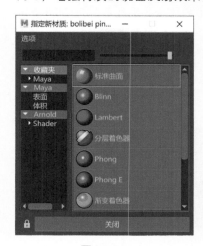
图 5-14

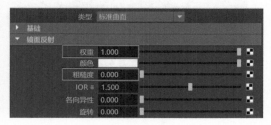
图 5-15

❺ 展开"透射"卷展栏，设置"权重"为1，如图 5-16 所示；设置"颜色"为浅绿色，
具体参数如图 5-17 所示。

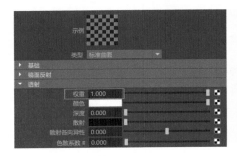

图 5-16　　　　　　　　　　　　　　　图 5-17

技巧与提示

在 Maya 中更改材质颜色，还可以使用其他色彩模式来进行设置，如图 5-18
和图 5-19 所示。

图 5-18　　　　　　　　　　　　　　　图 5-19

❻ 设置完成后，玻璃材质在"材质查看器"面板中的显示效果如图 5-20 所示。

❼ 单击"Arnold"工具架上的"Render"（渲染）按钮，如图 5-21 所示。

图 5-20　　　　　　　　　　　　　　　图 5-21

⑧ 渲染场景，本实例的玻璃材质模型的最终渲染效果如图 5-22 所示。

图 5-22

学习完本实例后，读者可以尝试制作其他带有透明属性的材质效果的模型。

5.4.2　实例：制作金属材质模型

🔧 **实例介绍**

本实例主要讲解如何使用标准曲面材质来制作金属材质模型，最终渲染效果如图 5-23 所示。

👁 **思路分析**

在制作实例前，需要先观察身边金属类物品的质感特征，再思考需要调整哪些参数来进行制作。

图 5-23

▶ **步骤演示**

❶ 打开本书配套资源"金属材质场景 .mb"文件，本实例为制作一个简单的室内模型，里面主要包含一套厨具模型，并且已经设置好了灯光及摄影机，如图 5-24 所示。

❷ 选择场景中的剪刀和罐子模型，如图 5-25 所示。在"渲染"工具架上单击"标准曲面材质"按钮，为选择的模型指定标准曲面材质。

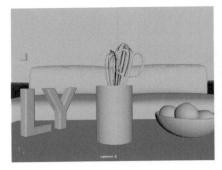

图 5-24

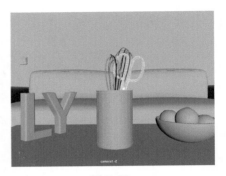

图 5-25

❸ 在"属性编辑器"面板中，展开"基础"卷展栏，设置材质的"颜色"为黄色，"金属度"为 1，如图 5-26 所示。"颜色"的具体参数如图 5-27 所示。

图 5-26

图 5-27

❹ 展开"镜面反射"卷展栏，设置"权重"为 1，"粗糙度"为 0.3，如图 5-28 所示。

❺ 设置完成后，金色金属材质在"材质查看器"面板中的显示效果如图 5-29 所示。

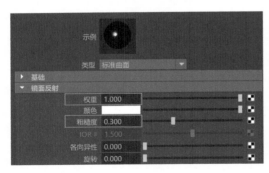

图 5-28

图 5-29

❻ 选择场景中的打蛋器模型，如图 5-30 所示。在"渲染"工具架上单击"标准曲面材质"按钮，为选择的模型指定标准曲面材质。

❼ 在"基础"卷展栏中，设置"金属度"为1；在"镜面反射"卷展栏中，设置"粗糙度"为0.1，如图5-31所示。

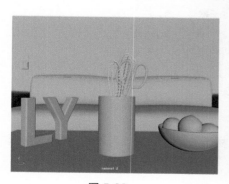

图 5-30

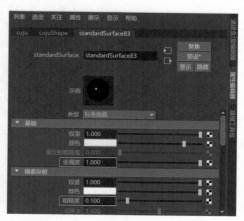

图 5-31

❽ 设置完成后，银色金属材质在"材质查看器"面板中的显示效果如图5-32所示。

❾ 渲染场景，本实例的金属材质模型的最终渲染效果如图5-33所示。

图 5-32

图 5-33

学习完本实例后，读者可以尝试制作其他类型的金属材质效果。

5.4.3　实例：制作陶瓷材质模型

⚙ 实例介绍

本实例主要讲解如何使用标准曲面材质来制作陶瓷材质模型，最终渲染效果如图5-34所示。

图 5-34

　　在制作实例前，需要先观察身边陶瓷类物品的质感特征，再思考需要调整哪些
参数来进行制作。

▶ 步骤演示

❶ 打开本书配套资源"陶瓷材质场景 .mb"文件，本实例为制作一个简单的室内模
　型，里面主要包含一套杯子模型，并且已经设置好了灯光及摄影机，如图 5-35
　所示。

❷ 选择场景中的杯子模型，如图 5-36 所示。在"渲染"工具架上单击"标准曲面材
　质"按钮，为选择的模型指定标准曲面材质。

图 5-35

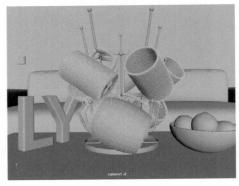

图 5-36

❸ 在"属性编辑器"面板中，展开"基础"卷展栏，设置"颜色"为绿色；展开"镜
　面反射"卷展栏，设置"粗糙度"为 0，如图 5-37 所示。其中，"颜色"的具体
　参数如图 5-38 所示。

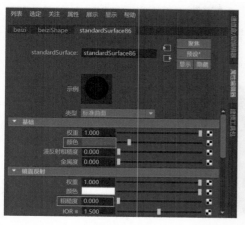
图 5-37

图 5-38

❹ 设置完成后，陶瓷材质在"材质查看器"面板中的显示效果如图 5-39 所示。

❺ 渲染场景，本实例的陶瓷材质模型的最终渲染效果如图 5-40 所示。

图 5-39

图 5-40

学习完本实例后，读者可以尝试制作其他类型的陶瓷材质效果的模型。

5.4.4　实例：制作果酱和牛奶模型

⚙ 实例介绍

　　本实例主要讲解如何使用标准曲面材质来制作果酱和牛奶模型，最终渲染效果如图 5-41 所示。

思路分析

在制作实例前，需要先观察身边果酱和牛奶的质感特征，再思考需要调整哪些参数来进行制作。

图 5-41

步骤演示

❶ 打开本书配套资源"果酱和牛奶材质场景 .mb"文件，本实例为制作一个简单的室内模型，里面主要包含一组盛放了果酱和牛奶的器皿模型及简单的配景模型，并且已经设置好了灯光及摄影机，如图 5-42 所示。

❷ 选择场景中的果酱模型，如图 5-43 所示。在"渲染"工具架上单击"标准曲面材质"按钮，为选择的模型指定标准曲面材质。

图 5-42

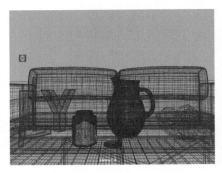

图 5-43

❸ 在"属性编辑器"面板中，展开"基础"卷展栏，设置"颜色"为深红色，如图 5-44 所示。其中，"颜色"的具体参数如图 5-45 所示。

图 5-44

图 5-45

④ 展开"镜面反射"卷展栏，设置"权重"为 1，"粗糙度"为 0，如图 5-46 所示。

⑤ 展开"透射"卷展栏，设置"权重"为 0.5，"颜色"为深红色，如图 5-47 所示。其中，"颜色"的具体参数如图 5-45 所示。

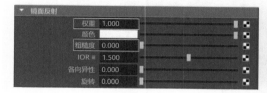

图 5-46

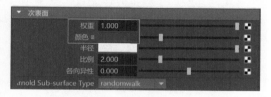

图 5-47

⑥ 展开"次表面"卷展栏，设置"权重"为 1，"颜色"为深红色，如图 5-48 所示。其中，"颜色"的具体参数如图 5-45 所示。

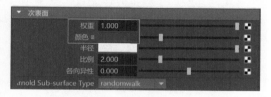

图 5-48

⑦ 设置完成后，果酱材质在"材质查看器"面板中的显示效果如图 5-49 所示。

⑧ 选择场景中的牛奶模型，如图 5-50 所示。在"渲染"工具架上单击"标准曲面材质"按钮，为选择的模型指定标准曲面材质。

图 5-49

图 5-50

⑨ 展开"基础"卷展栏，设置"颜色"为白色，如图 5-51 所示。

⑩ 展开"镜面反射"卷展栏，设置"权重"为 1，"粗糙度"为 0.2，如图 5-52 所示。

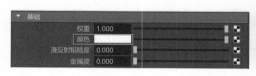

图 5-51

图 5-52

⑪ 展开"透射"卷展栏，设置"权重"为 0.2，"颜色"为白色，如图 5-53 所示。

⑫ 展开"次表面"卷展栏，设置"权重"为 1，"颜色"为白色，如图 5-54 所示。

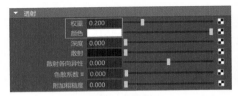

图 5-53

图 5-54

⑬ 设置完成后，牛奶材质在"材质查看器"面板中的显示效果如图 5-55 所示。

⑭ 渲染场景，本实例的果酱和牛奶模型的最终渲染效果如图 5-56 所示。

图 5-55

图 5-56

学习完本实例后，读者可以尝试制作其他类型的饮料材质效果。

5.4.5　实例：制作镂空材质模型

实例介绍

本实例主要讲解如何使用标准曲面材质来制作镂空材质模型，最终渲染效果如图 5-57 所示。

思路分析

在制作实例前，需要先观察身边具有镂空效果的物体的质感特征，再思考需要调整哪些参数来进行制作。

图 5-57

❶ 打开本书配套资源"镂空材质场景 .mb"文件，本实例为制作一个简单的室内模型，里面主要包含一个垃圾桶模型及简单的配景模型，并且已经设置好了灯光及摄影机，如图 5-58 所示。

❷ 选择场景中的垃圾桶模型，如图 5-59 所示。在"渲染"工具架上单击"标准曲面材质"按钮，为选择的模型指定标准曲面材质。

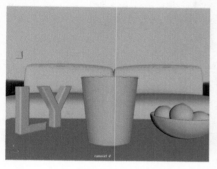

图 5-58　　　　　　　　　　　　　　　　图 5-59

❸ 在"属性编辑器"面板中，展开"基础"卷展栏，设置"颜色"为深灰色，"金属度"为 1，如图 5-60 所示。其中，"颜色"的具体参数如图 5-61 所示。

图 5-60

图 5-61

❹ 展开"镜面反射"卷展栏，设置"权重"为 1，"粗糙度"为 0.2，增强材质的高光和镜面反射效果，如图 5-62 所示。

❺ 展开"几何体"卷展栏，单击"不透明度"右侧的方形按钮，如图 5-63 所示。

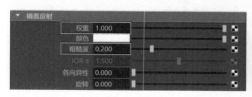

图 5-62

图 5-63

⑥ 在弹出的"创建渲染节点"面板中，选择"文件"选项，如图 5-64 所示。

⑦ 单击"图像名称"右侧的文件夹按钮，为"不透明度"属性指定一张"圆点 .jpg"贴图，制作出垃圾桶的镂空效果，如图 5-65 所示。

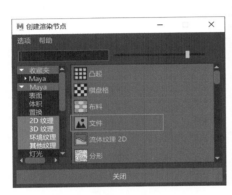

图 5-64

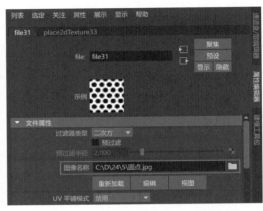

图 5-65

⑧ 在"2D 纹理放置属性"卷展栏中，设置"UV 向重复"为（0.5，0.5），如图 5-66 所示。

技巧与提示

　　单击"带纹理"按钮，即可在视图中显示出模型的贴图效果，如图 5-67 所示。

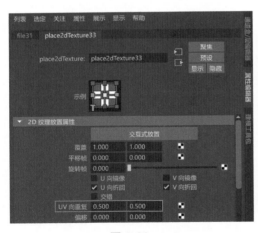

图 5-66

图 5-67

⑨ 设置完成后，镂空材质在"材质查看器"面板中的显示效果如图 5-68 所示。

⑩ 渲染场景，本实例的镂空材质模型的最终渲染效果如图 5-69 所示。

图 5-68

图 5-69

学习完本实例后，读者可以尝试制作其他带有镂空材质效果的模型。

5.4.6　实例：制作混合材质模型

实例介绍

本实例主要讲解如何使用 aiMixShader 材质将两个标准曲面材质进行混合，最终渲染效果如图 5-70 所示。

思路分析

在制作实例前，需要先观察身边具有混合材质效果的物体的质感特征，再思考需要调整哪些参数来进行制作。

图 5-70

步骤演示

❶ 打开本书配套资源 "混合材质场景 .mb" 文件，本实例为制作一个简单的室内模型，里面主要包含一组造型有趣的花盆模型及简单的配景模型，并且已经设置好了灯光及摄影机，如图 5-71 所示。

❷ 选择场景中的双腿形状的花盆模型，如图 5-72 所示。

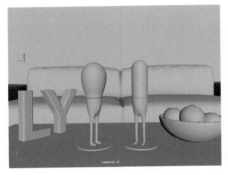

图 5-71

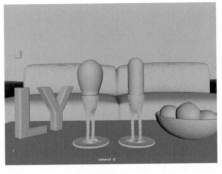

图 5-72

❸ 按住鼠标右键，在弹出的菜单中执行"指定新材质"命令，在打开的"指定新材质"面板中选择"aiMixShader"选项，如图 5-73 所示。

❹ 在"属性编辑器"面板中，单击"shader1"右侧的方形按钮，如图 5-74 所示。

图 5-73

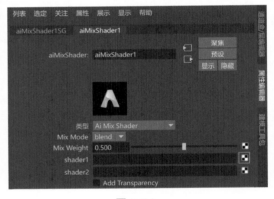

图 5-74

❺ 在弹出的"创建渲染节点"面板中，选择"标准曲面"选项，如图 5-75 所示。

❻ 以同样的方式为 shader2 也设置一个标准曲面材质，如图 5-76 所示。

❼ 设置 shader1 属性中的标准曲面材质参数。展开"镜面反射"卷展栏，设置"权重"为 1，"粗糙度"为 0.1，如图 5-77 所示。

❽ 展开"透射"卷展栏，设置"权重"为 1，如图 5-78 所示。

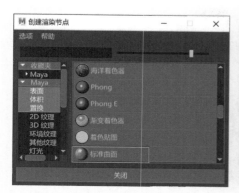

图 5-75

图 5-76

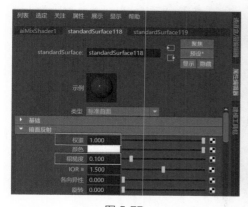

图 5-77

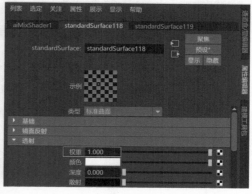

图 5-78

⑨ 设置 shader2 属性中的标准曲面材质参数。展开"基础"卷展栏，设置"颜色"为红色，如图 5-79 所示，"颜色"的具体参数如图 5-80 所示。

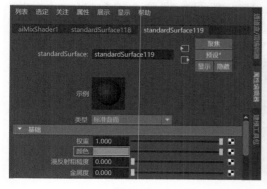

图 5-79

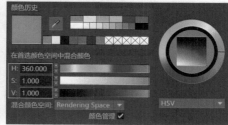

图 5-80

⑩ 展开"镜面反射"卷展栏，设置"权重"为 1，"粗糙度"为 0.1，如图 5-81 所示。

⑪ 下面需要设置这两种标准曲面材质混合的方式。单击"Mix Weight"右侧的方形按钮，如图 5-82 所示。

图 5-81

图 5-82

⑫ 在弹出的"创建渲染节点"面板中，选择"渐变"选项，如图 5-83 所示。

⑬ 展开"渐变属性"卷展栏，设置"类型"为"V 向渐变"，"插值"为"指数向下"，并调整渐变的色彩，如图 5-84 所示。

图 5-83

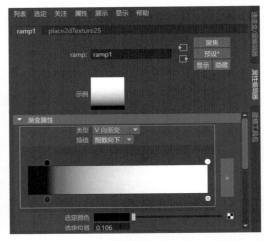

图 5-84

⑭ 还需要为花盆模型设置 UV 贴图坐标，以匹配刚刚设置好的"渐变"渲染节点。选择花盆模型，单击"多边形建模"工具架上的"平面"按钮，如图 5-85 所示，即可为所选择的模型添加平面形状的 UV 贴图坐标，如图 5-86 所示。

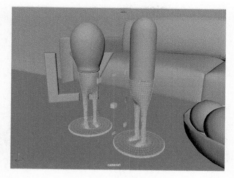

图 5-85

图 5-86

⑮ 设置完成后，混合材质在"材质查看器"面板中的显示效果如图 5-87 所示。

⑯ 渲染场景，本实例的混合材质模型的最终渲染效果如图 5-88 所示。

图 5-87

图 5-88

学习完本实例后，读者可以尝试制作其他带有混合材质效果的模型。

5.4.7　实例：制作图书模型

实例介绍

本实例主要讲解如何使用"平面映射"工具为图书模型指定 UV 贴图坐标，最终渲染效果如图 5-89 所示。

思路分析

在制作实例前，需要先观察身边的图书的质感特征，再思考需要调整哪些参数来进行制作。

图 5-89

步骤演示

❶ 打开本书配套资源"图书材质场景 .mb"文件，本实例为制作一个简单的室内模型，里面主要包含一个图书模型及简单的配景模型，并且已经设置好了灯光及摄影机，如图 5-90 所示。

❷ 选择场景中的图书模型，如图 5-91 所示。在"渲染"工具架上单击"标准曲面材质"按钮，为选择的模型指定标准曲面材质。

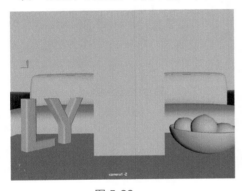

图 5-90

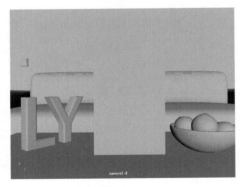

图 5-91

❸ 在"属性编辑器"面板中，展开"基础"卷展栏，设置"颜色"为白色；展开"镜面反射"卷展栏，设置"粗糙度"为 0.8，如图 5-92 所示。

❹ 为了方便观察，选择图书模型，按快捷键【Alt+H】，隐藏未选择的模型，如图 5-93 所示。这样，在场景中只显示图书模型。

❺ 在"建模工具包"面板中，单击"面选择"按钮，如图 5-94 所示。

❻ 选择图 5-95 所示的面，在"渲染"工具架上单击"标准曲面材质"按钮，为选择的面单独指定标准曲面材质。

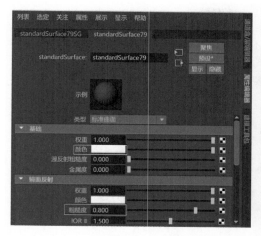

图 5-92

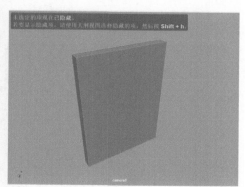

图 5-93

图 5-94

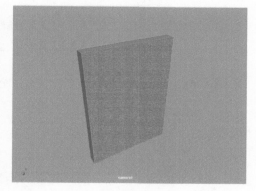

图 5-95

❼ 展开"基础"卷展栏，单击"颜色"右侧的方形按钮，如图 5-96 所示。

❽ 在弹出的"创建渲染节点"面板中，选择"文件"选项，如图 5-97 所示。

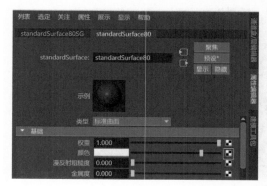

图 5-96

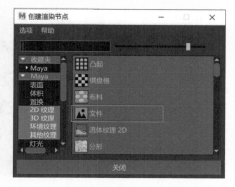

图 5-97

⑨ 单击"图像名称"右侧的文件夹按钮，添加"图书封面.jpg"贴图文件，如图 5-98 所示。

⑩ 单击"带纹理"按钮后，即可在场景中看到模型上的贴图效果，如图 5-99 所示。

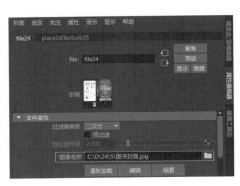

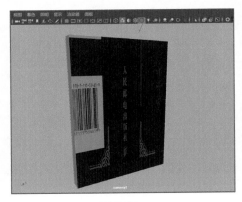

图 5-98　　　　　　　　　　　　　　　图 5-99

⑪ 选择图 5-100 所示的面，单击"多边形建模"工具架上的"平面映射"按钮，如图 5-101 所示，为选择的面添加一个平面映射，如图 5-102 所示。

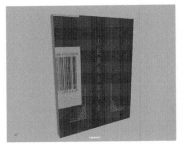

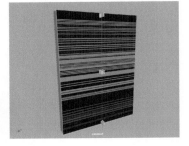

图 5-100　　　　　　　图 5-101　　　　　　　图 5-102

⑫ 展开"投影属性"卷展栏，设置"旋转"为（0，0，0），"投影宽度"为 20，如图 5-103 所示。设置完成后，图书的贴图效果如图 5-104 所示。

图 5-103　　　　　　　　　　　　　　　图 5-104

⑬ 在场景中继续调整平面映射的大小及位置，如图 5-105 所示，得到正确的图书封面贴图坐标效果。

⑭ 重复以上操作，完成图书封底及书脊的贴图效果制作，如图 5-106 所示。

图 5-105

图 5-106

⑮ 本实例的最终贴图效果如图 5-107 所示。

⑯ 将场景中之前隐藏的对象全部显示出来后，渲染场景，本实例的图书模型的最终渲染效果如图 5-108 所示。

图 5-107

图 5-108

学习完本实例后，读者可以尝试制作其他类似的图书模型。

5.4.8　实例：制作线框材质模型

⚙ 实例介绍

本实例主要讲解如何使用标准曲面材质来制作线框材质模型，最终渲染效果如图 5-109 所示。

> **思路分析**
>
> 　　在制作实例前，需要先观察模型的布线
> 情况，再思考需要调整哪些参数来进行制作。

图 5-109

步骤演示

❶ 打开本书配套资源"线框材质场景 .mb"文件，本实例为制作一个简单的室内模型，
里面主要包含一个玩具鹿模型及简单的配景模型，并且已经设置好了灯光及摄影
机，如图 5-110 所示。

❷ 在场景中选择玩具鹿的身体部分模型，如图 5-111 所示。

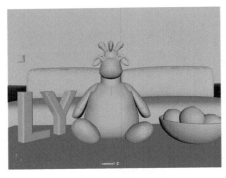

图 5-110

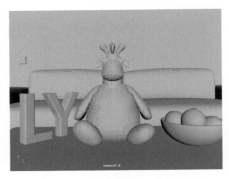

图 5-111

❸ 单击"渲染"工具架上的"标准曲面材质"按钮，如图 5-112 所示，为选择的模
型指定标准曲面材质。

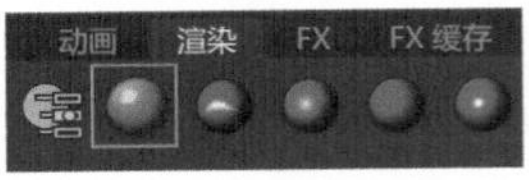

❹ 展开"基础"卷展栏，单击"颜色"右侧的方形按钮，
如图 5-113 所示。

❺ 在弹出的"创建渲染节点"面板中，选择"aiWireframe"
选项，如图 5-114 所示。需要注意的是，该贴图内的参数都是用英文显示的。

❻ 在"Wireframe Attributes"卷展栏中，设置"Edge Type"为"polygons"，"Fill
Color"为棕色，如图 5-115 所示。其中，"Fill Color"的具体参数如图 5-116 所示。

图 5-112

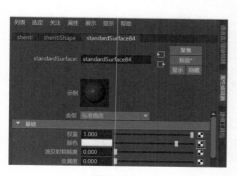

图 5-113

图 5-114

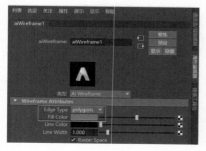

图 5-115

图 5-116

❼ 设置完成后，玩具鹿身体部分模型的线框材质在"材质查看器"面板中的显示效果如图 5-117 所示。

❽ 渲染场景，本实例的线框材质模型的最终渲染效果如图 5-118 所示。

图 5-117

图 5-118

学习完本实例后，读者可以尝试制作其他类似的线框材质效果的模型。

第 **6** 章

摄影机技术

6.1　摄影机概述

　　摄影机中所包含的参数设置与现实当中用户所使用的摄影机的参数设置非常相似，如焦距、光圈、快门、曝光等，也就是说如果用户是一个摄影爱好者，那么学习本章的内容将会非常轻松。Maya 提供了多种类型的摄影机以供用户选择使用，通过为场景设置摄影机，用户可以轻松地在三维软件里记录自己摆放好的镜头位置并设置动画。摄影机的参数设置相对较少，但是却并不意味着每个人都可以轻松地掌握摄影机技术。学习摄影机技术就像学习拍照一样，读者需要额外学习有关画面构图的知识。图 6-1 和图 6-2 所示为笔者在日常生活中所拍摄的一些画面。

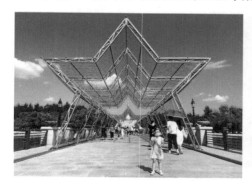　

图 6-1　　　　　　　　　　　　　　　　图 6-2

6.2　创建摄影机的方式

　　启动 Maya 后，用户在"大纲视图"面板中可以看到场景中已经有了 4 台摄影机，这 4 台摄影机的名称呈灰色显示，说明这 4 台摄影机正处于隐藏状态，并分别用来控制"透视视图""顶视图""前视图""右视图"，如图 6-3 所示。那么如何在场景中创建新的摄影机呢？扫描图 6-4 中的二维码，可观看创建摄影机的详解视频。

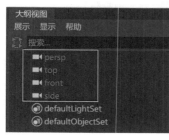　

图 6-3　　　　　　　　　　　　　　　　图 6-4

6.3 技术实例

6.3.1 实例：创建摄影机

实例介绍

　　本实例主要讲解摄影机的创建方法，以及如何固定摄影机的位置，本实例的最终渲染效果如图 6-5 所示。

思路分析

　　在制作实例前，需要先观察一些好的摄影构图，再进行摄影机的摆放。

图 6-5

步骤演示

① 打开本书配套资源"橘子.mb"文件，可以看到该场景里随意摆放了一些橘子模型，并且设置好了材质及灯光，如图 6-6 所示。

② 在"渲染"工具架上单击"创建摄影机"按钮，如图 6-7 所示，即可在场景中坐标原点处创建一个摄影机。

图 6-6

图 6-7

③ 执行菜单栏中的"面板 > 透视 >camera1"命令，如图 6-8 所示，即可将当前视图切换至"摄影机视图"。

④ 在"大纲视图"面板中，选择名称为"orange"的橘子模型，按【F】键，即可在"摄影机视图"中快速显示场景中的名称为"orange"的橘子模型，同时，也意味着现在场景中摄影机移动到了该模型的前方，如图 6-9 所示。

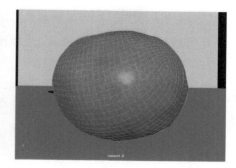

图 6-8　　　　　　　　　　　　　　　　图 6-9

⑤ 在"摄影机视图"中仔细调整画面构图，最终得到图 6-10 所示的摄影机观察视角。

⑥ 单击"分辨率门"按钮，即可在"摄影机视图"中显示出渲染画面的精准位置，如图 6-11 所示。

图 6-10　　　　　　　　　　　　　　　图 6-11

⑦ 在"属性编辑器"面板中，展开"摄影机属性"卷展栏，设置"视角"为 60，如图 6-12 所示。这样可以使摄影机渲染的范围增加，如图 6-13 所示。

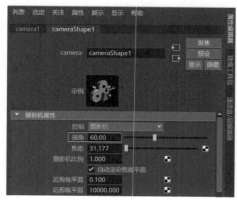

图 6-12　　　　　　　　　　　　　　　图 6-13

⑧ 固定摄影机的机位，以保证摄影机所拍摄的画面位置不变。在"大纲视图"面板中选择摄影机后，在"通道盒 / 层编辑器"面板中对摄影机的"平移 X""平移 Y""平移 Z""旋转 X""旋转 Y""旋转 Z""缩放 X""缩放 Y""缩放 Z"这几个属性设置关键帧，设置完成后，这些属性的右侧会出现红色的方形标记，如图 6-14 所示。这样，以后不管怎么在"摄影机视图"中改变摄影机观察的视角，只需要拖曳时间滑块，"摄影机视图"就会快速恢复至刚刚所设置好的拍摄角度。

⑨ 设置完成后，渲染摄影机视图，本实例的最终渲染效果如图 6-15 所示。

图 6-14

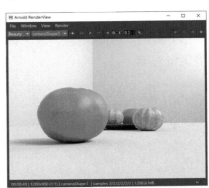

图 6-15

学习完本实例后，读者可以尝试使用其他方式来创建摄影机。

6.3.2　实例：制作景深效果

实例介绍

　　本实例将使用 Arnold 渲染器来渲染一张带有景深效果的图像。图 6-16 所示为本实例的最终渲染效果。

思路分析

　　在制作实例前，需要先观察一些带有运动模糊效果的照片，再思考使用哪些参数来进行制作。

图 6-16

❶ 打开本书配套资源 "橘子 - 摄影机完成 .mb" 文件，如图 6-17 所示。

图 6-17

❷ 执行菜单栏中的 "创建 > 测量工具 > 距离工具" 命令，如图 6-18 所示。在 "顶视图" 中，
测量出摄影机和场景中名称为 "orange2" 的橘子模型的距离值，如图 6-19 所示。

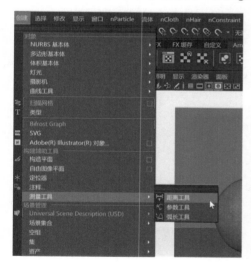

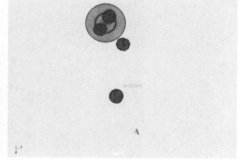

图 6-18　　　　　　　　　　　　　　　　　　图 6-19

❸ 选择场景中的摄影机，在 "属性编辑器" 面板中，展开 "Arnold" 卷展栏，勾选 "Enable
DOF" （启用景深）复选框，开启景深计算；设置 "Focus Distance" （聚焦距离）
为 35.87，该值就是在上一个步骤里所测量出来的值；设置 "Aperture Size" （光
圈尺寸）为 1，如图 6-20 所示。

❹ 设置完成后，渲染摄影机视图，读者可以将渲染效果与上一个实例的渲染效果进
行对比。现在可以看到渲染出来的画面带有明显的景深效果，如图 6-21 所示。

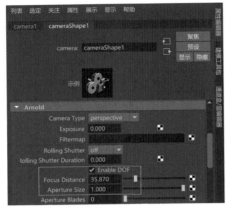

图 6-20

图 6-21

学习完本实例后，读者还可以尝试制作其他带有景深效果的画面。

第 **7** 章

渲染技术

7.1　渲染概述

在 Maya 中制作出来的场景模型无论多么细致，都离不开材质和灯光的辅助。用户在视图中所看到的画面无论显示得多么精美，也比不过执行了"渲染"命令后所计算得到的图像效果。可以说没有渲染，用户永远也无法将最优秀的作品展示给观众。那么什么是"渲染"呢？狭义来讲,渲染指用户在 Maya 的"渲染设置"面板中进行的参数设置。广义来讲，渲染则包括对模型的材质制作、灯光设置、摄影机摆放等一系列的工作流程。

使用 Maya 制作三维项目时，常见的工作流程大多是按照"建模 > 灯光 > 材质 > 摄影机 > 渲染"来进行的。渲染放在最后，说明这一操作是计算之前流程的最终步骤。图 7-1 和图 7-2 所示为一些非常优秀的三维渲染作品。

图 7-1

图 7-2

7.2　Arnold Renderer

Arnold Renderer（Arnold 渲染器）是由 Solid Angle 公司开发的一款基于物理定律所设计出来的高级跨平台渲染器，可以安装在 Maya、3ds Max、Softimage、Houdini

等多款三维软件之中，备受动画公司及影视制作公司的喜爱。Arnold 渲染器使用先进的算法，可以高效地利用计算机的硬件资源，其简洁的命令设计架构极大地简化了着色和照明的设置步骤，渲染出来的图像真实可信，如图 7-3 所示。扫描图 7-4 中的二维码，可观看渲染器的基本设置的详解视频。

图 7-3

图 7-4

7.3　综合实例：制作客厅日光表现效果

实例介绍

使用 Maya 可以制作出效果非常真实的三维动画场景，将这些虚拟的动画场景与实拍的镜头搭配使用，可以为影视制作节约大量的成本。本实例使用一个室内场景文件来为读者详细讲解 Maya 的材质、灯光及渲染设置的综合运用，本实例的最终渲染效果如图 7-5 所示。

图 7-5

思路分析

在制作实例前，需要先观察身边室内环境中的物体质感及光影效果。

步骤演示

打开本书配套资源"客厅.max"文件，可以看到本场景中已经设置好模型及摄影机，如图 7-6 所示。通过最终渲染效果可以看出，本场景所要表现的光照效果为室内日光照明效果。下面，首先讲解该场景中的主要材质设置步骤。

图 7-6

7.3.1　制作布料材质效果

本实例中的沙发抱枕和沙发坐垫模型均用到了布料材质，其渲染效果如图 7-7 所示。

❶ 选择场景中的沙发抱枕和沙发坐垫模型，如图 7-8 所示。

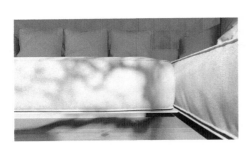

图 7-7

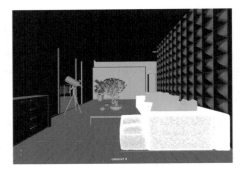

图 7-8

❷ 单击"渲染"工具架上的"标准曲面材质"按钮，如图 7-9 所示，为其指定标准曲面材质。

图 7-9

❸ 在"基础"卷展栏中，为"颜色"属性添加"文件"渲染节点，如图 7-10 所示。在自动展开的"文件属性"卷展栏中，为"图像名称"指定一张"布纹.png"贴图，如图 7-11 所示。

图 7-10

图 7-11

❹ 在"镜面反射"卷展栏中，设置"粗糙度"为 0.8，如图 7-12 所示。

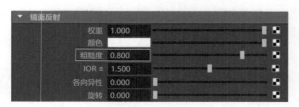

图 7-12

❺ 在"几何体"卷展栏中，为"凹凸贴图"属性添加"文件"渲染节点，如图 7-13 所示。在自动展开的"文件属性"卷展栏中，为"图像名称"指定一张"布纹 - 凹凸 .png"贴图，如图 7-14 所示。

图 7-13　　　　　　　　　　　　　　　　　图 7-14

❻ 在"2D 凹凸属性"卷展栏中，设置"凹凸深度"为 9，如图 7-15 所示。

❼ 制作完成后的布料材质在"材质查看器"面板中的显示效果如图 7-16 所示。

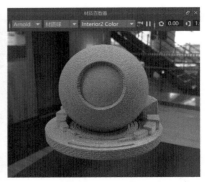

图 7-15　　　　　　　　　　　　　　　　　　图 7-16

7.3.2　制作地板材质效果

本实例中的地板模型用到了地板材质，其渲染效果如图 7-17 所示。

❶ 选择场景中的地板模型，如图 7-18 所示。

图 7-17　　　　　　　　　　　　　　　　　　图 7-18

❷ 单击"渲染"工具架上的"标准曲面材质"按钮，如图 7-19 所示，为其指定标准
曲面材质。

图 7-19

❸ 在"基础"卷展栏中，为"颜色"属性添加"文件"渲染节点，如图 7-20 所示。
在自动展开的"文件属性"卷展栏中，为"图像名称"指定一张"地板 .jpg"贴图，
如图 7-21 所示。

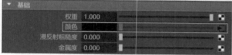

图 7-20　　　　　　　　　　　　　图 7-21

④ 在"镜面反射"卷展栏中，设置"粗糙度"为 0.35，如图 7-22 所示。

⑤ 制作完成后的地板材质在"材质查看器"面板中的显示效果如图 7-23 所示。

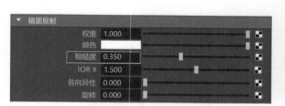

图 7-22　　　　　　　　　　　　　图 7-23

7.3.3　制作木纹材质效果

本实例中的柜子模型用到了木纹材质，其渲染效果如图 7-24 所示。

① 选择场景中的柜子模型，如图 7-25 所示。

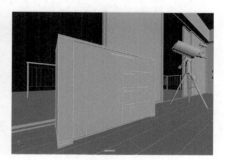

图 7-24　　　　　　　　　　　　　图 7-25

② 单击"渲染"工具架上的"标准曲面材质"按钮，如
图 7-26 所示，为其指定标准曲面材质。

图 7-26

③ 在"基础"卷展栏中，为"颜色"属性添加"文件"
渲染节点，如图 7-27 所示。在自动展开的"文件属性"
卷展栏中，为"图像名称"指定一张"木纹 .png"贴图，如图 7-28 所示。

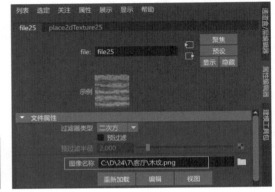

图 7-27

图 7-28

④ 在"镜面反射"卷展栏中，设置"粗糙度"为 0.5，如图 7-29 所示。

⑤ 制作完成后的木纹材质在"材质查看器"面板中的显示效果如图 7-30 所示。

图 7-29

图 7-30

7.3.4　制作环境材质效果

本实例中室外的树木通过环境材质来制作，其渲染效果如图 7-31 所示。

① 选择场景中的环境模型，如图 7-32 所示。

图 7-31

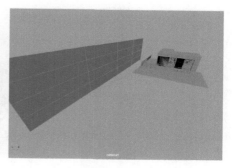
图 7-32

❷ 单击"渲染"工具架上的"标准曲面材质"按钮，如图 7-33 所示，为其指定标准曲面材质。

❸ 在"基础"卷展栏中，为"颜色"属性添加"文件"渲染节点，如图 7-34 所示。在自动展开的"文件属性"卷展栏中，为"图像名称"指定一张"树 .jpg"贴图，如图 7-35 所示。

图 7-33

图 7-34

图 7-35

❹ 在"镜面反射"卷展栏中，设置"粗糙度"为 0.8，如图 7-36 所示。

❺ 在"几何体"卷展栏中，为"不透明度"属性添加"文件"渲染节点，如图 7-37 所示。在自动展开的"文件属性"卷展栏中，为"图像名称"指定一张"树 - 不

透明 .jpg"贴图，如图 7-38 所示。

⑥ 制作完成后的环境材质在"材质查看器"面板中的显示效果如图 7-39 所示。

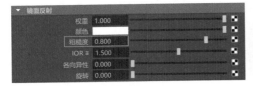

图 7-36

图 7-37

图 7-38

图 7-39

7.3.5　制作背景墙材质效果

本实例中的背景墙模型用到了背景墙材质，其渲染效果如图 7-40 所示。

图 7-40

① 选择场景中的背景墙模型，如图 7-41 所示。

② 单击"渲染"工具架上的"标准曲面材质"按钮，如图 7-42 所示，为其指定标准曲面材质。

图 7-41

图 7-42

❸ 在 "基础" 卷展栏中，设置 "颜色" 为粉色，如图 7-43 所示。 "颜色" 的具体参
　 数如图 7-44 所示。

图 7-43

图 7-44

❹ 在 "镜面反射" 卷展栏中，设置 "粗糙度" 为 0.5，如图 7-45 所示。

❺ 制作完成后的背景墙材质在 "材质查看器" 面板中的显示效果如图 7-46 所示。

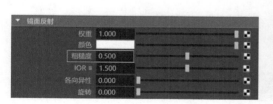

图 7-45

图 7-46

7.3.6　制作陶瓷材质效果

　　本实例中的茶壶和杯子模型用到了陶瓷材质，其渲染效果如图 7-47 所示。

❶ 选择场景中的茶壶和杯子模型，如图 7-48 所示。

图 7-47

图 7-48

❷ 单击"渲染"工具架上的"标准曲面材质"按钮，如图 7-49 所示，为其指定标准曲面材质。

图 7-49

❸ 在"基础"卷展栏中，设置"颜色"为绿色，如图 7-50 所示。"颜色"的具体参数如图 7-51 所示。

图 7-50

图 7-51

❹ 在"镜面反射"卷展栏中，设置"粗糙度"为 0.1，如图 7-52 所示。

❺ 制作完成后的陶瓷材质在"材质查看器"面板中的显示效果如图 7-53 所示。

图 7-52

图 7-53

7.3.7 制作日光照明效果

❶ 单击"Arnold"工具架上的"Create Physical Sky"（创建物理天空）按钮，如图 7-54 所示。

❷ 在场景中创建一个物理天空灯光，如图 7-55 所示。

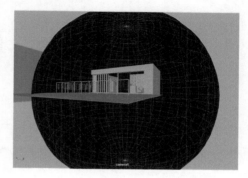

图 7-54   图 7-55

❸ 在"属性编辑器"面板中，设置"Elevation"（海拔）为 30，"Azimuth"（方位）为 290，调整阳光的照射角度；设置"Intensity"（强度）为 6，增加阳光的亮度；设置"Sun Size"（太阳尺寸）为 2，增加太阳的尺寸，该值可以影响阳光对模型产生的阴影效果，如图 7-56 所示。

❹ 设置完成后，渲染场景，渲染效果如图 7-57 所示。

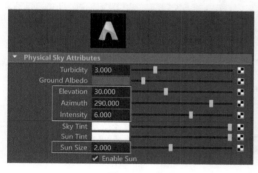

图 7-56   图 7-57

7.3.8 制作灯带照明效果

❶ 选择场景中屋顶上方的灯带模型，如图 7-58 所示。

❷ 单击"Arnold"工具架上的"Create Mesh Light"（创建网格灯光）按钮，如图 7-59 所示。

图 7-58

图 7-59

❸ 在"Light Attributes"（灯光属性）卷展栏中，设置"Intensity"（强度）为 300，
"Exposure"（曝光）为 10，勾选"Use Color Temperature"（使用色温）复选框，
设置"Temperature"（温度）为 3500，勾选"Light Visible"（灯光可见）复选框，
如图 7-60 所示。

❹ 设置完成后，渲染场景，添加了灯带照明效果后的渲染效果如图 7-61 所示。

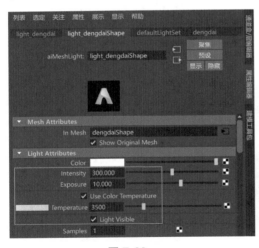

图 7-60

图 7-61

7.3.9　渲染设置

❶ 打开"渲染设置"面板，可以看到场景使用默认的 Arnold 渲染器进行渲染，如
图 7-62 所示。

❷ 在"公用"选项卡中，展开"图像大小"卷展栏，设置渲染图像的"宽度"为 1280，

"高度"为 720，如图 7-63 所示。

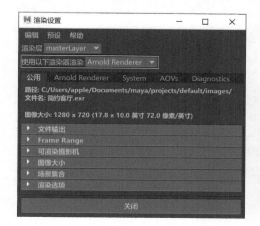

图 7-62

图 7-63

❸ 在"Arnold Renderer"选项卡中，展开"Sampling"卷展栏，设置"Camera(AA)"
为 15，提高渲染图像的计算采样精度，如图 7-64 所示。

❹ 设置完成后，渲染场景，渲染效果看起来要暗一些，如图 7-65 所示。

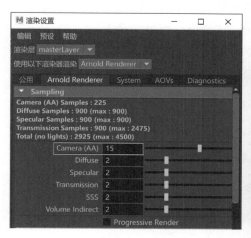

图 7-64

图 7-65

❺ 在"Display"（显示）选项卡中，设置"Gamma"为 1.5，"Exposure"（曝光）
为 1，"View Transform"为"ACES sRGB RRT+ODT v1.0(legacy)"，如图 7-66
所示。

❻ 本实例的最终渲染效果如图 7-67 所示。

图 7-66

图 7-67

学习完本实例后，读者可以尝试制作一些其他室内环境的表现效果。

7.4　综合实例：制作建筑物日光表现效果

实例介绍

本实例使用一个室外建筑场景文件来为读者详细讲解 Maya 的材质、灯光及渲染设置的综合运用，本实例的最终渲染效果如图 7-68 所示。

图 7-68

思路分析

在制作实例前，需要先观察身边室外环境中的物体质感及光影效果。

打开本书配套资源"别墅.max"文件，可以看到该场景中已经设置好模型及摄影机，如图 7-69 所示。通过最终渲染效果可以看出，本场景所要表现的光照效果为室外日光照明效果。下面，首先讲解该场景中的主要材质设置步骤。

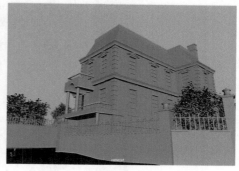

图 7-69

7.4.1　制作砖墙材质效果

本实例中的围墙和建筑外墙模型均用到了砖墙材质，其渲染效果如图 7-70 所示。

❶ 选择场景中的围墙和建筑外墙模型，如图 7-71 所示。

图 7-70

图 7-71

❷ 单击"渲染"工具架上的"标准曲面材质"按钮，如图 7-72 所示，为其指定标准曲面材质。

❸ 在"基础"卷展栏中，为"颜色"属性添加"文件"渲染节点，如图 7-73 所示。在自动展开的"文件属性"卷展栏中，为"图像名称"指定"红色砖墙.bmp"贴图，如图 7-74 所示。

图 7-72

图 7-73

图 7-74

④ 在"几何体"卷展栏中，在"凹凸贴图"属性右侧的文本框内输入"file1"，如图 7-75 所示。

图 7-75

⑤ 在"2D 凹凸属性"卷展栏中，设置"凹凸深度"为 10，如图 7-76 所示。

⑥ 制作完成的砖墙材质在"材质查看器"面板中的显示效果如图 7-77 所示。

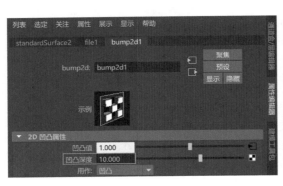

图 7-76　　　　　　　　　　　　　　　图 7-77

7.4.2　制作玻璃材质效果

本实例中玻璃材质的渲染效果如图 7-78 所示。

① 选择场景中的玻璃模型，如图 7-79 所示。

图 7-78

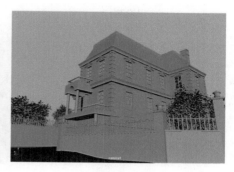
图 7-79

② 单击"渲染"工具架上的"标准曲面材质"按钮，如图 7-80 所示，为其指定标准曲面材质。

③ 在"镜面反射"卷展栏中，设置"粗糙度"为 0，如图 7-81 所示。

图 7-80

图 7-81

④ 在"透射"卷展栏中，设置"权重"为 1，如图 7-82 所示。

⑤ 制作完成后的玻璃材质在"材质查看器"面板中的显示效果如图 7-83 所示。

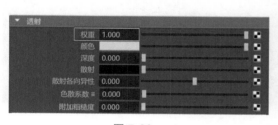
图 7-82

图 7-83

7.4.3　制作栏杆材质效果

本实例中的栏杆材质渲染效果如图 7-84 所示。

① 选择场景中的栏杆模型，如图 7-85 所示。

图 7-84

图 7-85

❷ 单击"渲染"工具架上的"标准曲面材质"按钮，如图 7-86 所示，为其指定标准
曲面材质。

❸ 在"基础"卷展栏中，设置"颜色"为深灰色，"金属度"为 1，如图 7-87 所示。

图 7-86

图 7-87

❹ 在"镜面反射"卷展栏中，设置"颜色"为深灰色，如图 7-88 所示。

❺ 制作完成后的栏杆材质在"材质查看器"面板中的显示效果如图 7-89 所示。

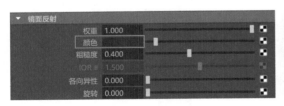

图 7-88

图 7-89

7.4.4　制作瓦片材质效果

本实例中的瓦片材质渲染效果如图 7-90 所示。

❶ 选择场景中的瓦片模型，如图 7-91 所示。

图 7-90

图 7-91

② 单击"渲染"工具架上的"标准曲面材质"按钮，如
图 7-92 所示，为其指定标准曲面材质。

图 7-92

③ 在"基础"卷展栏中，为"颜色"属性添加"文件"渲
染节点，如图 7-93 所示。在自动展开的"文件属性"卷展栏中，为"图像名称"
指定一张"瓦片 .jpg"贴图，如图 7-94 所示。

图 7-93

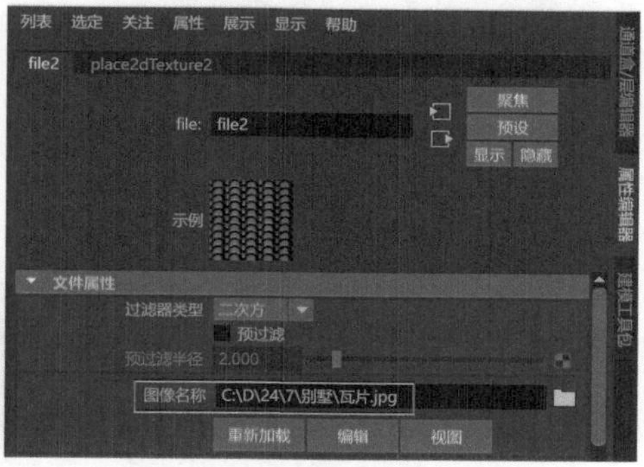

图 7-94

④ 在"镜面反射"卷展栏中，设置"粗糙度"为 0.6，如图 7-95 所示。

⑤ 在"几何体"卷展栏中，在"凹凸贴图"属性右侧的文本框内输入"file2"，如
图 7-96 所示。

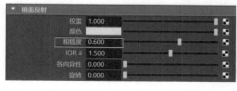

图 7-95

图 7-96

⑥ 在"2D 凹凸属性"卷展栏中，设置"凹凸深度"为 10，如图 7-97 所示。

❼ 制作完成后的瓦片材质在"材质查看器"面板中的显示效果如图 7-98 所示。

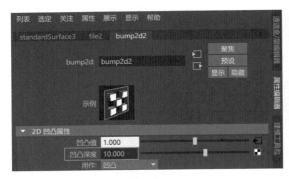

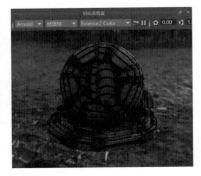

图 7-97　　　　　　　　　　　　　　　　　图 7-98

7.4.5　制作树叶材质效果

本实例中的树叶材质渲染效果如图 7-99 所示。

❶ 选择场景中的树叶模型，如图 7-100 所示。

图 7-99　　　　　　　　　　　　　　　　图 7-100

❷ 单击"渲染"工具架上的"标准曲面材质"按钮，如图 7-101 所示，为其指定标准曲面材质。

图 7-101

❸ 在"基础"卷展栏中，为"颜色"属性添加"文件"渲染节点，如图 7-102 所示。在自动展开的"文件属性"卷展栏中，为"图像名称"指定一张"叶片 A.JPG"贴图，如图 7-103 所示。

图 7-102   图 7-103

④ 在"几何体"卷展栏中，为"不透明度"属性添加"文件"渲染节点，如图 7-104 所示。在自动展开的"文件属性"卷展栏中，为"图像名称"指定一张"叶片 A- 不透明 .PNG"贴图，如图 7-105 所示。

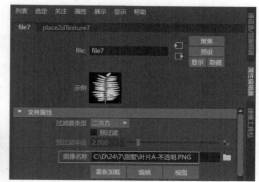

图 7-104   图 7-105

⑤ 制作完成后的树叶材质在"材质查看器"面板中的显示效果如图 7-106 所示。

图 7-106

7.4.6 制作木头材质效果

本实例中的木头材质渲染效果如图 7-107 所示。

❶ 选择场景中的花架模型，如图 7-108 所示。

图 7-107

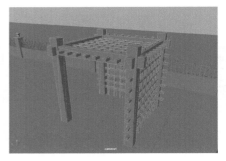

图 7-108

❷ 单击"渲染"工具架上的"标准曲面材质"按钮，如图 7-109 所示，为其指定标准曲面材质。

图 7-109

❸ 在"基础"卷展栏中，为"颜色"属性添加"文件"渲染节点，如图 7-110 所示。在自动展开的"文件属性"卷展栏中，为"图像名称"指定一张"木纹 .png"贴图，如图 7-111 所示。

图 7-110

图 7-111

❹ 在"镜面反射"卷展栏中，设置"粗糙度"为 0.6，如图 7-112 所示。

❺ 制作完成后的木头材质在"材质查看器"面板中的显示效果如图 7-113 所示。

图 7-112

图 7-113

7.4.7 制作日光照明效果

❶ 单击 "Arnold" 工具架上的 "Create Physical Sky"（创建物理天空）按钮，如图 7-114 所示。

图 7-114

❷ 在场景中创建一个物理天空灯光，如图 7-115 所示。

❸ 在 "属性编辑器" 面板中，设置 "Elevation"（海拔）为 20，"Azimuth"（方位）为 60，调整阳光的照射角度；设置 "Intensity"（强度）为 5，增加阳光的亮度；设置 "Sun Size"（太阳尺寸）为 2，增加太阳的尺寸，该值可以影响阳光对模型产生的阴影效果，如图 7-116 所示。

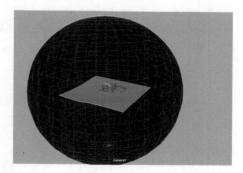

图 7-115

❹ 设置完成后，渲染场景，渲染效果如图 7-117 所示。

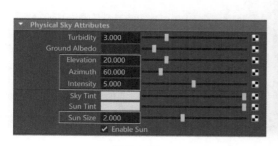

图 7-116

图 7-117

7.4.8　渲染设置

❶ 打开"渲染设置"面板，可以看到场景使用默认的 Arnold 渲染器进行渲染，如图 7-118 所示。

❷ 在"公用"选项卡中，展开"图像大小"卷展栏，设置渲染图像的"宽度"为 1280，"高度"为 720，如图 7-119 所示。

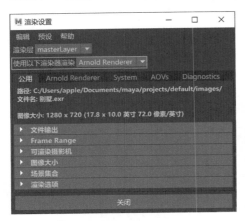

图 7-118

图 7-119

❸ 在"Arnold Renderer"选项卡中，展开"Sampling"卷展栏，设置"Camera(AA)"为 9，提高渲染图像的计算采样精度，如图 7-120 所示。

❹ 设置完成后，渲染场景，渲染效果看起来要暗一些，如图 7-121 所示。

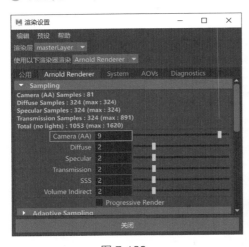

图 7-120

图 7-121

❺ 在"Display"（显示）选项卡中，设置"Gamma"为 1.5，如图 7-122 所示。

⑥ 本实例的最终渲染效果如图 7-123 所示。

图 7-122

图 7-123

学习完本实例后，读者可以尝试制作一些其他室外环境的表现效果。

第 8 章

动画技术

8.1 动画概述

动画是一门集合了漫画、电影、数字媒体等多种艺术形式的综合艺术，也是一门年轻的学科。经过了 100 多年的发展，它已经形成较为完善的理论体系和多元化产业，其独特的艺术魅力深受人们的喜爱。在本书中，动画仅狭义地理解为使用 Maya 来设置对象的形变及记录运动过程。Maya 是欧特克公司推出的旗舰级三维动画软件，为众多三维动画设计师提供了功能丰富、强大的动画工具来制作优秀的动画作品。通过对 Maya 的多种动画工具进行组合使用，场景看起来会更加生动，角色看起来会更加真实。

在 Maya 中给对象设置动画的工作流程跟设置木偶动画非常相似，例如在制作木偶动画时，不可能在木偶的头部、身体和四肢等分散的情况下就开始动画的制作，在三维软件中也是如此。用户通常需要将要设置动画的模型进行分组，并且设置好这些模型对象之间的相互影响关系，这一过程习惯称为绑定或装置，最后再进行动画的制作，遵从这一规律制作出来的三维动画将大大减少后期设置关键帧所消耗的时间，并且还有利于动画项目的修改及完善。Maya 还内置了动力学技术模块，可以为场景中的对象进行逼真而细腻的动力学动画计算，从而为三维动画设计师节省大量的工作步骤及时间，极大地提高了动画的精准程度。图 8-1 ～图 8-4 所示为在 Maya 中制作的汽车行驶动画效果。

图 8-1

图 8-2

图 8-3

图 8-4

8.2 动画基本操作

有关动画基本操作的工具位于"动画"工具架上的前半部分，如图 8-5 所示。扫描图 8-6 中的二维码，可观看动画基本操作的详解视频。

视频微课   知识点

- 制作关键帧动画
- 播放预览
- 运动轨迹
- 生成重影
- 烘焙动画

动画基本操作

图 8-5

图 8-6

8.3 关键帧动画

"动画"工具架上的中间部分为与"关键帧"有关的工具，如图 8-7 所示。扫描图 8-8 中的二维码，可观看关键帧动画的详解视频。

视频微课   知识点

- 设置关键帧
- 动画关键帧
- 平移关键帧
- 旋转关键帧
- 缩放关键帧

关键帧动画

图 8-7

图 8-8

8.4 动画约束

Maya 提供了一系列的"约束"工具供用户解决复杂的动画设置与制作问题，用户可以在"动画"工具架或者"绑定"工具架上找到这些工具，如图 8-9 所示。扫描图 8-10 中的二维码，可观看动画约束的详解视频。

图 8-9

图 8-10

8.5　技术实例

8.5.1　实例：制作摇椅摆动动画

实例介绍

　　本实例为本章的第一个动画技术实例，力求通过简单的操作让读者熟悉如何在 Maya 中为对象设置动画关键帧，实例的最终动画效果如图 8-11 所示。

图 8-11

思路分析

　　在制作实例前，需要先观察身边的摇椅动画，再思考需要调整哪些参数来进行制作。

步骤演示

① 启动 Maya，打开本书配套资源"摇椅 .mb"文件，如图 8-12 所示。
② 在"前视图"中，观察摇椅模型的位置和角度，如图 8-13 所示。

图 8-12

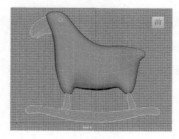
图 8-13

❸ 将时间滑块移动至第 1 帧，在"通道盒 / 层编辑器"面板中，为"平移 X"设置关键帧，设置"旋转 Z"为 8，并为该属性也设置关键帧，如图 8-14 所示。设置完成后，这两个属性右侧会出现红色的方形标记。

❹ 在"前视图"中，观察摇椅模型的位置和角度，如图 8-15 所示。

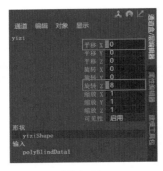

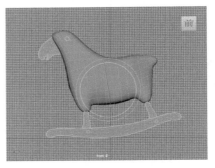

图 8-14

图 8-15

❺ 将时间滑块移动至第 20 帧，在"通道盒 / 层编辑器"面板中，设置"平移 X"为 8，"旋转 Z"为 −8，并为这两个属性分别设置关键帧，如图 8-16 所示。设置完成后，这两个属性右侧会出现红色的方形标记。

❻ 在"前视图"中，观察摇椅模型的位置和角度，如图 8-17 所示。

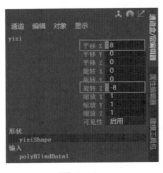

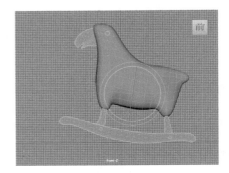

图 8-16

图 8-17

❼ 执行菜单栏中的"窗口 > 动画编辑器 > 曲线图编辑器"命令，如图 8-18 所示。

❽ 在弹出的"曲线图编辑器"面板中，选择"平移 X"和"旋转 Z"的动画关键点，如图 8-19 所示。

❾ 执行菜单栏中的"曲线 > 后方无限 > 往返"

图 8-18

命令，如图 8-20 所示。

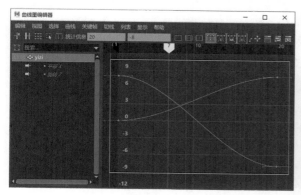 

图 8-19　　　　　　　　　　　　　　　　　　　图 8-20

⑩ 设置完成后，播放场景动画，可以看到摇椅会随着时间的变化不断来回摇动，如
图 8-21 ～图 8-24 所示。

图 8-21

图 8-22

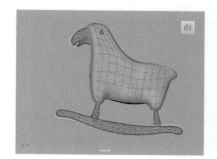

图 8-23

图 8-24

学习完本实例后，读者可以使用该方法尝试制作车轮及球体滚动动画效果。

8.5.2　实例：制作按钮驱动动画

　　本实例将为读者详细讲解"设置受驱动关键帧"工具的使用方法，使用一个按钮来控制门模型的打开和关闭，本实例的最终动画效果如图 8-25 所示。

图 8-25

　　在制作实例前，需要先观察身边的门打开流程，再思考需要调整哪些参数来进行制作。

步骤演示

① 启动 Maya，打开本书配套资源"门 .mb"文件，里面有一个门的模型和一个按钮的模型，如图 8-26 所示。

② 本实例要做的是让按钮来控制门的打开和关闭，所以先选择场景中被控制的对象——门模型，如图 8-27 所示。单击"绑定"工具架上的"设置受驱动关键帧"按钮，如图 8-28 所示。

③ 在弹出的"设置受驱动关键帧"面板中，可以看到门模型的名称已经在"受驱动"下面的列表框内了，如图 8-29 所示。

图 8-26

图 8-27

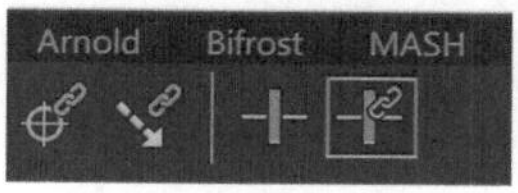

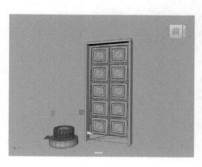

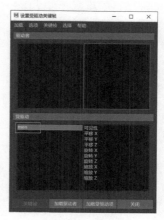

图 8-28

图 8-29

④ 选择场景中的红色按钮模型，如图 8-30 所示。单击"设置受驱动关键帧"面板最
下方的"加载驱动者"按钮，即可看到红色按钮模型的名称出现在了"驱动者"
下面的列表框内，如图 8-31 所示。

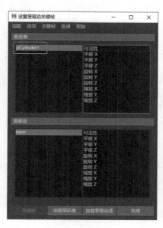

图 8-30

图 8-31

❺ 现在需要使用红色按钮模型的上下位移变化来控制门模型的旋转变化，那么应该在 "设置受驱动关键帧" 面板中建立按钮的 "平移 Y" 属性与门的 "旋转 Y" 属性之间的联系，并单击 "关键帧" 按钮，为这两个属性建立受驱动关键帧，如图 8-32 所示。

❻ 将时间滑块移动至第 20 帧，沿 y 轴向下方轻微移动红色按钮，再旋转门模型的方向，如图 8-33 所示，再次单击 "设置受驱动关键帧" 面板中的 "关键帧" 按钮，即可完成这两个对象之间的参数受驱动事件。

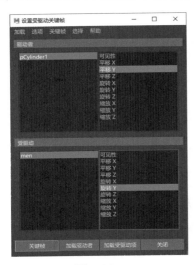

图 8-32

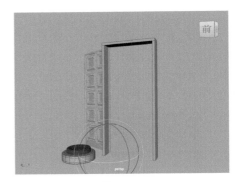

图 8-33

❼ 选择门模型，用户在 "通道盒 / 层编辑器" 面板中可以看到，门模型的 "旋转 Y" 属性右侧有一个蓝色的方形标记，说明该属性现在正受其他属性的影响，如图 8-34 所示。同时，在 "属性编辑器" 面板中，展开 "变换属性" 卷展栏，也可以看到 "旋转" 属性的 Y 值背景呈蓝色显示状态，如图 8-35 所示。

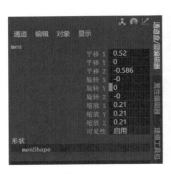

图 8-34

图 8-35

⑧ 为了防止误操作，选择场景中的红色按钮模型，在"通道盒/层编辑器"面板中，将"平移 X""平移 Z""旋转 X""旋转 Y""旋转 Z""缩放 X""缩放 Y""缩放 Z"这几个属性选中，如图 8-36 所示。

图 8-36

⑨ 单击鼠标右键，在弹出的菜单中执行"锁定选定项"命令，如图 8-37 所示，即可锁定这些选中属性的参数值。

⑩ 锁定完成后，这些属性右侧均会出现蓝灰色的方形标记，如图 8-38 所示。

图 8-37

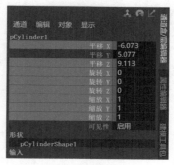

图 8-38

⑪ 设置完成后，现在场景中的红色按钮模型只能通过鼠标调整 y 轴向的平移运动来控制门模型的打开和关闭。

学习完本实例后，读者可以使用该方法尝试制作其他物体的驱动动画效果。

8.5.3　实例：制作飞机飞行动画

🔧 实例介绍

　　本实例将使用简单的"表达式"来辅助制作飞机的飞行动画，本实例的最终动画效果如图 8-39 所示。

🔍 思路分析

　　在制作实例前，需要先观察飞机模型，再思考需要使用哪些工具来进行制作。

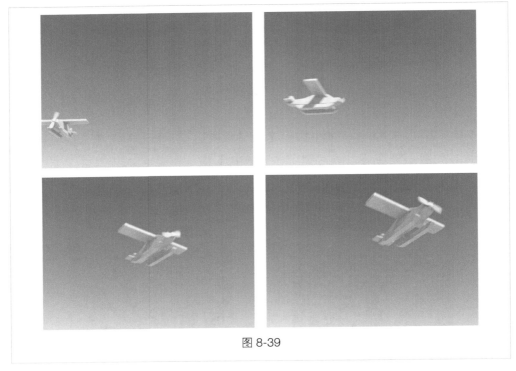

图 8-39

▶ 步骤演示

❶ 启动 Maya，打开本书配套资源"飞机 .mb"文件，里面有一个玩具飞机的模型，如图 8-40 所示。

❷ 在"大纲视图"面板中，可以看到场景中的飞机由机身和螺旋桨两个部分组成，如图 8-41 所示。

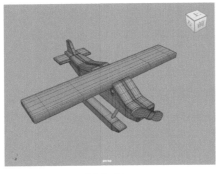

图 8-40

图 8-41

❸ 制作螺旋桨模型的旋转动画。选择场景中的螺旋桨模型，如图 8-42 所示。

④ 在"属性编辑器"面板中，展开"变换属性"卷展栏，将鼠标指针放置于"旋转"
属性的 Z 值上，单击鼠标右键，在弹出的菜单中执行"创建新表达式"命令，如
图 8-43 所示。

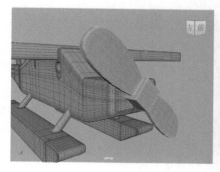

图 8-42　　　　　　　　　　　　　　　图 8-43

⑤ 在弹出的"表达式编辑器"面板中，输入：luoxuanjiang.rotateZ=time。
输入完成后，单击"创建"按钮，执行该表达式，如图 8-44 所示。

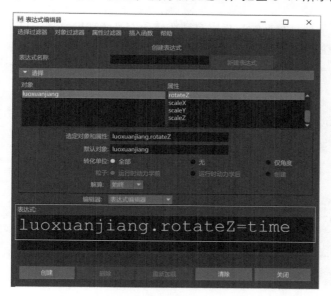

图 8-44

⑥ 播放场景动画，现在可以看到螺旋桨模型随着场景中时间滑块的移动会自动开始
进行旋转，但是旋转的速度非常慢。

⑦ 修改刚刚设置的表达式，将表达式更改为：luoxuanjiang.rotateZ=time*1000。
这样，螺旋桨旋转的速度会变为原来的 1000 倍，然后单击"编辑"按钮，更新

表达式的计算，如图 8-45 所示。

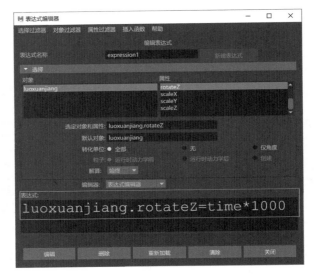

图 8-45

❽ 这样，再次播放场景动画，可以看到螺旋桨的旋转速度变快了许多，读者也可以尝试设置螺旋桨模型旋转速度增加的倍数。图 8-46 和图 8-47 分别为螺旋桨模型的旋转倍数为 100 和 1000 的重影效果对比。

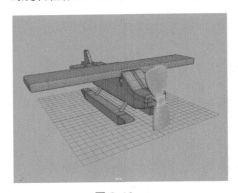

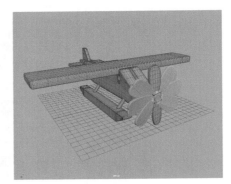

图 8-46

图 8-47

❾ 选择场景中的螺旋桨模型，再加选飞机机身模型，按【P】键，为两者建立父子关系，设置完成后，在"大纲视图"面板中可以观察这两者之间的层级关系，如图 8-48 所示。

❿ 单击"曲线 / 曲面"工具架上的"EP 曲线工具"按钮，如图 8-49 所示。在场景中绘制一条曲线，如图 8-50 所示。

⑪ 选择场景中的飞机机身模型，再加选刚刚制作的螺旋曲线，如图 8-51 所示。

图 8-48

图 8-49

图 8-50

图 8-51

⑫ 执行菜单栏中的"约束 > 运动路径 > 连接到运动路径"命令，这样，飞机模型就
　 移动到螺旋曲线上，如图 8-52 所示。

⑬ 设置飞机模型的方向。在"属性编辑器"面板中，展开"运动路径属性"卷展栏，
　 设置"前方向轴"为"Z"，如图 8-53 所示。

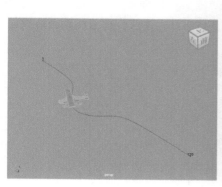

图 8-52

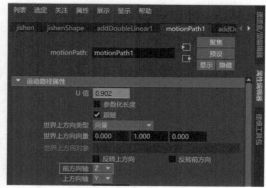

图 8-53

⑭ 设置完成后，播放场景动画，本实例的最终动画效果如图 8-54 ～图 8-57 所示。

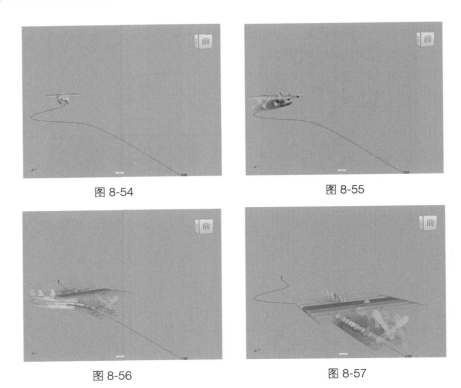

图 8-54

图 8-55

图 8-56

图 8-57

 学习完本实例后，读者可以使用该方法尝试制作其他类型飞机的飞行动画效果。

8.5.4　实例：制作汽车行驶动画

⚙ 实例介绍

　　本实例将为读者详细讲解汽车行驶动画的制作方法，本实例的最终动画效果如图 8-58 所示。

图 8-58

图 8-58（续）

🕵 思路分析

　　在制作实例前，需要先观察身边车辆的运动过程，再思考需要使用哪些工具来进行制作。

▶ 步骤演示

❶ 启动 Maya，打开本书配套资源"汽车.mb"文件，里面有一个赋予好了材质的汽车模型和一条曲线，如图 8-59 所示。

❷ 单击"绑定"工具架上的"创建定位器"按钮，如图 8-60 所示。

图 8-59

图 8-60

❸ 在场景中绘制出一个定位器，对其进行缩放并将其调整至汽车模型的上方，用来当作汽车的控制器，如图 8-61 所示。

❹ 在"大纲视图"面板中，将构成汽车的所有零件模型选中，并将其设置为汽车顶部控制器的子对象，如图 8-62 所示。

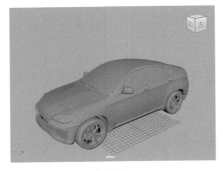

图 8-61

图 8-62

⑤ 在场景中再次创建一个定位器，调整其大小和位置至汽车的前方位置处，如图 8-63 所示，准备用来控制汽车的两个前轮的方向。

⑥ 先选择汽车前方的定位器，再加选汽车前方左侧的车轮模型，如图 8-64 所示。

图 8-63

图 8-64

⑦ 单击"绑定"工具架上的"方向约束"按钮，如图 8-65 所示，将车轮模型方向约束至定位器上。

⑧ 设置完成后，在"大纲视图"面板中可以观察到车轮模型名称下方多了一个方向约束对象，如图 8-66 所示。

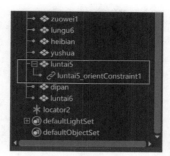

图 8-65

图 8-66

⑨ 选择车轮模型，在"通道盒/层编辑器"面板中，也可以看到其"旋转 X""旋转 Y""旋转 Z"属性右侧多了一个蓝色的方形标记，说明这 3 个属性目前受到方向约束的影响，如图 8-67 所示。

⑩ 在"通道盒/层编辑器"面板中，分别选择"旋转 X"和"旋转 Z"属性，单击鼠标右键并执行"断开连接"命令。设置完成后，就只有"旋转 Y"属性右侧有蓝色的方形标记了，也就是说仅需要箭头图形控制器影响车轮的"旋转 Y"属性即可，如图 8-68 所示。

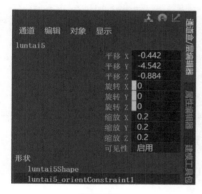

图 8-67

图 8-68

⑪ 使用相同的操作，为汽车前方右侧的车轮模型也设置方向约束，设置完成后，尝试旋转箭头图形控制器，可以看到小汽车模拟出了即将转弯时的车轮旋转状态，如图 8-69 所示。

⑫ 将该定位器也设置为汽车上方定位器的子对象后，先选择汽车上方的定位器，再加选路径曲线，执行菜单栏中的"约束 > 运动路径 > 连接到运动路径"命令，即可看到整个汽车模型已经跟随曲线产生位移和旋转动画了，如图 8-70 所示。

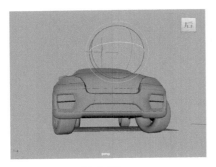

图 8-69

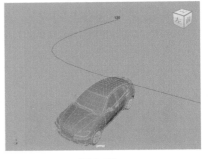

图 8-70

⑬ 通过观察可以发现，汽车的运动方向不太正确。在"属性编辑器"面板中，将"前方向轴"设置为"Z"，并勾选"反转前方向"复选框，如图 8-71 所示。这样，汽车的运动方向就正确了，如图 8-72 所示。

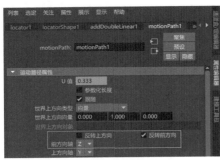

图 8-71

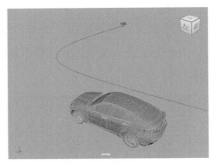

图 8-72

⑭ 开始分别为 4 个车轮添加表达式来生成旋转动画效果。首先需要确定路径的长度，并将该值记录下来。执行菜单栏中的"创建 > 测量工具 > 弧长工具"命令，测量出路径的长度值，如图 8-73 所示。

⑮ 选择汽车前方左侧的车轮模型，如图 8-74 所示。

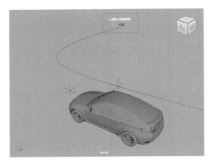

图 8-73

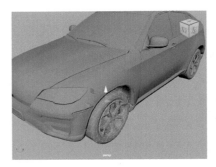

图 8-74

⑯ 在"属性编辑器"面板中，将鼠标指针放置到"旋转"属性的X值上，单击鼠标右键并执行"创建新表达式"命令，如图 8-75 所示。

⑰ 在"表达式编辑器"面板中的"表达式"文本框内输入：luntai5.rotateX= -263.18*motionPath1.uValue/3.86* 180/3.14;。

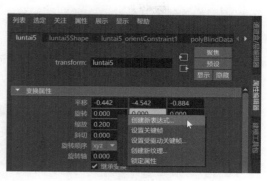

图 8-75

输入完成后，可以单击该面板下方左侧的"编辑"按钮，关闭该面板，如图 8-76 所示。

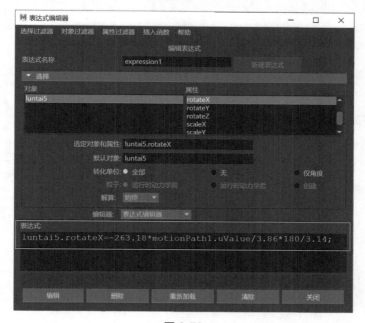

图 8-76

技巧与提示

在该表达式中，luntai5 指的是汽车的车轮名称；263.18 是刚刚测量出来的曲线长度，也就是汽车行驶的距离；3.86 是车轮的半径。

⑱ 设置完成后，可以看到车轮"旋转"属性的X值呈紫色背景显示状态，说明该值由表达式进行控制；车轮"旋转"属性的Y值呈蓝色背景显示状态，说明该值受场景中的其他对象的控制，如图 8-77 所示。

⑲ 以相同的方法为其他 3 个车轮分别设置表达式来控制车轮的旋转，制作完成后，播放动画，即可看到小汽车在运动的同时，车轮也会产生相应的旋转效果。

⑳ 制作汽车在转弯时，前方两个车轮的旋转动画。在第 50 帧位置处，选择汽车前方的定位器，为其"旋转 Y"属性设置关键帧，如图 8-78 所示。

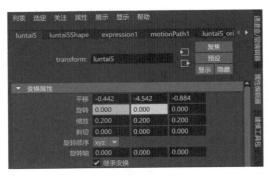

图 8-77

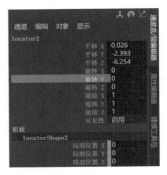

图 8-78

㉑ 在第 60 帧位置处，将其"旋转 Y"设置为 –30，并设置关键帧，如图 8-79 所示。设置完成后，观察汽车的前轮动画效果，如图 8-80 所示。

㉒ 在第 70 帧位置处，再次为"旋转 Y"属性设置关键帧。在第 90 帧位置处，将其"旋转 Y"设置为 0，并设置关键帧，如图 8-81 所示。

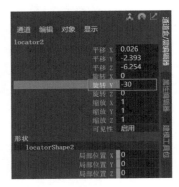

图 8-79

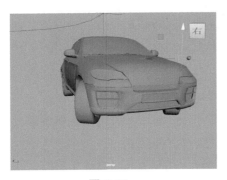

图 8-80

图 8-81

㉓ 设置完成后，播放场景动画，本实例的最终动画效果如图 8-82 ～图 8-85 所示。

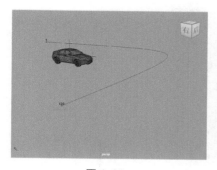

图 8-82

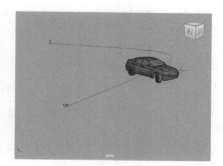

图 8-83

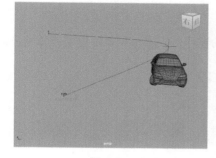

图 8-84

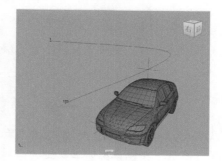

图 8-85

技巧与提示

　　本实例的制作步骤较多，建议读者观看本小节的教学视频，从而获得更加轻松、直观的学习过程。

8.5.5　实例：制作手臂摆动动画

实例介绍

　　本实例将制作一个简单的手臂摆动动画，并使用"极向量约束"来控制手肘的方向。图 8-86 所示为本实例的最终动画效果。

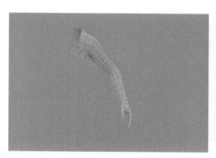

图 8-86

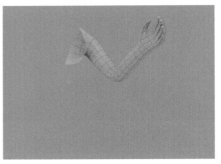

图 8-86（续）

　　在制作实例前，需要先观察手臂的摆动过程，再思考需要使用哪些工具来进行制作。

▶ 步骤演示

❶ 启动 Maya，打开本书配套资源"手臂.mb"文件，该场景中有一个手臂模型，如图 8-87 所示。

❷ 单击"绑定"工具架上的"创建关节"按钮，如图 8-88 所示。

❸ 在"前视图"中创建图 8-89 所示的一段骨骼。

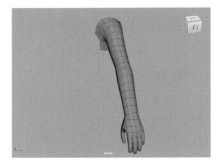

图 8-87

图 8-88

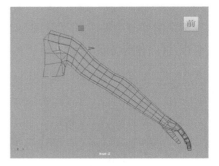

图 8-89

❹ 将视图切换至"右视图"，在"右视图"中微调骨骼的位置，如图 8-90 所示，使得骨骼的位置完全处于手臂模型当中。

⑤ 单击 "绑定" 工具架上的 "创建 IK 控制柄" 按钮，如图 8-91 所示。

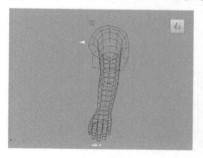

图 8-90

图 8-91

⑥ 在场景中单击骨骼的两个端点，创建出骨骼的 IK 控制柄，如图 8-92 所示。

⑦ 移动骨骼 IK 控制柄，可以看到骨骼的形态现在已经开始受到 IK 控制柄的影响，如图 8-93 所示。

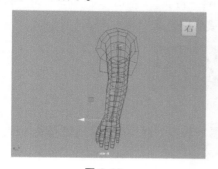

图 8-92

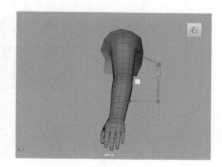

图 8-93

⑧ 单击 "绑定" 工具架上的 "创建定位器" 按钮，如图 8-94 所示，在场景中创建一个定位器。

⑨ 移动定位器至图 8-95 所示的手肘模型后方，选择场景中的定位器，按住【Shift】键，加选场景中的 IK 控制柄。

图 8-94

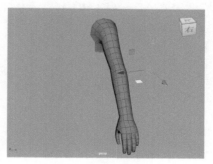

图 8-95

⑩ 单击"绑定"工具架上的"极向量约束"按钮，如图 8-96 所示。对骨骼的方向进行设置，如图 8-97 所示。

图 8-96

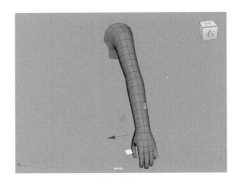

图 8-97

⑪ 选择场景中的骨骼对象，按住【Shift】键，加选手臂模型，单击"绑定"工具架上的"绑定蒙皮"按钮，如图 8-98 所示，对手臂模型进行蒙皮操作。

图 8-98

⑫ 设置完成后，再次移动 IK 控制柄，可以看到现在手臂模型也会随着骨骼的位置变化产生形变，如图 8-99 所示。

⑬ 设置完成后，调整场景中定位器的位置，可以看到手臂的弯曲方向也跟着发生了变化，如图 8-100 所示。

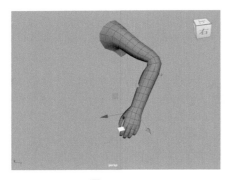

图 8-99

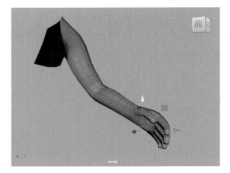

图 8-100

第 9 章

流体动画技术

9.1　流体概述

在三维软件中，用户可以使用之前所讲的多边形建模技术制作出细节丰富、造型逼真的桌椅、餐具、武器等形体的三维模型，但是却很难制作出云朵、飞溅的水花、燃烧的火焰等不易抓取的几何形体。尤其是当涉及这些形体的动画制作时，用户很难仅通过设置模型的变换属性来得到一段诸如烟雾升腾的动画效果。幸运的是，Maya的工程师们很早就开始考虑如何在三维软件中解决这些特殊形体的制作问题，并提供了一系列专业工具来帮助用户进行这些特殊形体及动画的制作，这就是流体动画技术。如果用户希望在 Maya 中制作出效果理想的流体动画，除了需要学习本章的知识外，还应该多观察生活中的一些流体效果。图 9-1 和图 9-2 所示为笔者所拍摄的一些与流体特效有关的照片。

图 9-1　　　　　　　　　　　　　　　　图 9-2

9.2　流体系统

流体系统是 Maya 从早期一直延续至今的一套优秀的流体动画解决方案。用户可以在 "FX" 工具架上找到流体系统中的一些常用工具，如图 9-3 所示。扫描图 9-4 中的二维码，可观看流体基本操作的详解视频。

图 9-3　　　　　　　　　　　　　　　　图 9-4

9.3　技术实例

9.3.1　实例：制作火焰燃烧动画

⚙ **实例介绍**

　　本实例通过制作火焰燃烧动画来为读者详细讲解 3D 流体容器的使用技巧，实例的最终动画效果如图 9-5 所示。

图 9-5

🔍 **思路分析**

　　在制作实例前，需要先观察身边的火焰燃烧效果，再思考需要调整哪些参数来进行制作。

◀ ▶ **步骤演示**

① 启动 Maya，单击"FX"工具架上的"具有发射器的 3D 流体容器"按钮，如图 9-6 所示，在场景中创建一个 3D 流体容器，如图 9-7 所示。

图 9-6

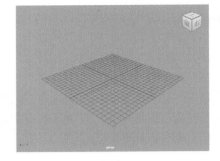

图 9-7

② 在"大纲视图"面板中观察，可以看到当前的场景中多了一个容器和一个流体发射器，并且流体发射器处于容器的子层级，如图 9-8 所示。

③ 在"大纲视图"面板中选择流体发射器，并在场景中微调流体发射器的位置，如图 9-9 所示。

图 9-8

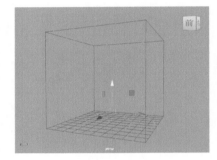

图 9-9

④ 在"属性编辑器"面板中，展开"基本发射器属性"卷展栏，设置"发射器类型"为"体积"，如图 9-10 所示。这时，观察场景，可以看到流体发射器的形状更换为一个立方体的样子，如图 9-11 所示。

图 9-10

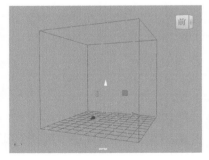

图 9-11

⑤ 在"体积发射器属性"卷展栏中，设置"体积形状"为"圆环"，如图 9-12 所示。
这时，可以看到流体发射器的形状更改为圆环的样子，如图 9-13 所示。

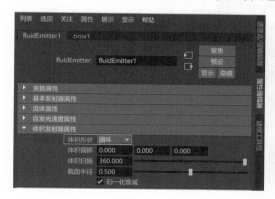
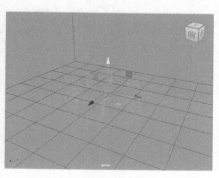

图 9-12　　　　　　　　　　　　　　　　图 9-13

⑥ 播放场景动画，流体动画的默认效果如图 9-14 所示。

⑦ 选择流体容器，在"属性编辑器"面板中展开"容器特性"卷展栏，设置"基本分辨率"
为 100，提高流体动画模拟的精度，如图 9-15 所示。

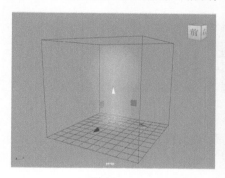

图 9-14　　　　　　　　　　　　　　　　图 9-15

⑧ 再次播放场景动画，可以看到提高了"基
本分辨率"的值后，流体发射器产生的烟
雾的形状清晰了许多，但是动画模拟的时
间也显著增加了，如图 9-16 所示。

⑨ 展开"着色"卷展栏，调整"透明度"
右侧的滑块，设置其颜色为深灰色，如
图 9-17 所示。这样，烟雾看起来更清楚了，
如图 9-18 所示。

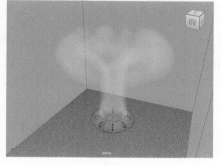

图 9-16

图 9-17

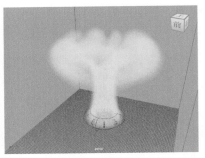

图 9-18

⑩ 展开"内容详细信息"卷展栏内的"速度"卷展栏，设置"漩涡"为 10，"噪波"为 0.1，如图 9-19 所示。这样可以使烟雾上升的形体随机一些，如图 9-20 所示。

图 9-19

图 9-20

⑪ 设置流体的颜色。展开"颜色"卷展栏，设置"选定颜色"为黑色，如图 9-21 所示。

⑫ 展开"白炽度"卷展栏，设置白炽度的颜色，并设置"白炽度输入"为"密度"，"输入偏移"为 0.5，如图 9-22 所示。

图 9-21

图 9-22

⑬ 设置完成后，观察场景中的流体效果，如图 9-23 所示。

⑭ 单击"Arnold"工具架上的"Create Physical Sky"（创建物理天空）按钮，如图 9-24 所示，为场景设置灯光。

图 9-23

图 9-24

⑮ 在"属性编辑器"面板中，展开"Physical Sky Attributes"（物理天空属性）卷展栏，设置"Intensity"（强度）为 4，提高物理天空灯光的强度，如图 9-25 所示。

⑯ 渲染场景，最终模拟出来的火焰燃烧渲染效果如图 9-26 所示。

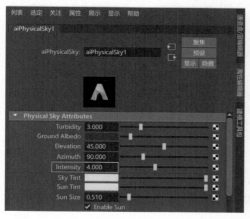

图 9-25

图 9-26

技巧与提示

　　用户如果想得到细节更加丰富的燃烧效果，可以考虑适当提高"容器特性"卷展栏中的"基本分辨率"值。提高该值后，最好为流体模拟创建缓存，这样可以得到更加稳定的模拟效果。有关创建流体缓存的方法，读者可以参考本小节对应的教学视频进行学习。

　　学习完本实例后，读者可以使用该方法尝试制作其他类型发射器的火焰燃烧动画效果。

9.3.2　实例：制作热气腾腾动画

⚙️ 实例介绍

　　本实例通过制作一个热气腾腾的水杯特效动画来为读者详细讲解 3D 流体容器的使用技巧，实例的最终动画效果如图 9-27 所示。

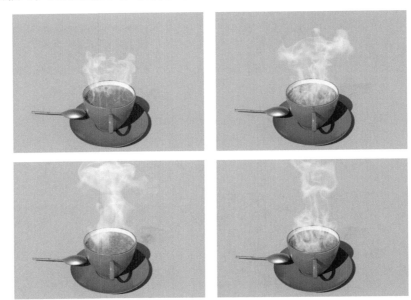

图 9-27

👤 思路分析

　　在制作实例前，需要先观察身边热气的流动效果，再思考需要调整哪些参数来进行制作。

▶ 步骤演示

❶ 启动 Maya，打开本书配套资源"咖啡杯
　　.mb"文件，里面有一个咖啡杯模型，如
　　图 9-28 所示。

❷ 单击"FX"工具架上的"具有发射器的
　　3D 流体容器"按钮，如图 9-29 所示，在
　　场景中创建一个 3D 流体容器，如图 9-30
　　所示。

图 9-28

图 9-29

图 9-30

❸ 在"容器特性"卷展栏中，设置"基本分辨率"为 50，"边界 X""边界 Y""边界 Z"均为"无"，如图 9-31 所示。

❹ 使用"移动工具"调整容器的位置，如图 9-32 所示。

图 9-31

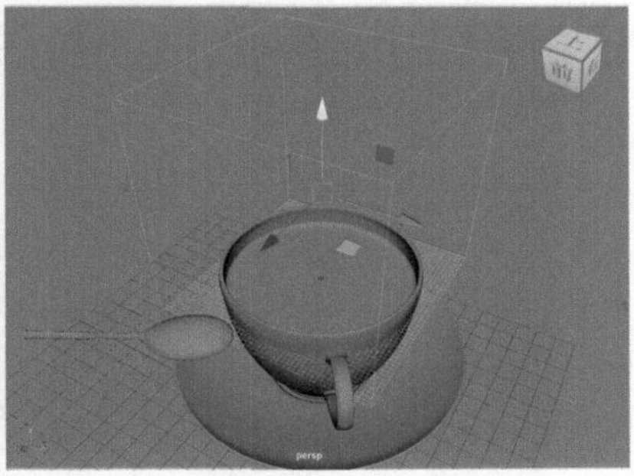

图 9-32

❺ 在"大纲视图"面板中，选择流体发射器，如图 9-33 所示，将其删除。

❻ 选择场景中咖啡杯里的咖啡模型和容器，如图 9-34 所示。

图 9-33

图 9-34

⑦ 单击"FX"工具架上的"从对象发射流体"按钮，如图 9-35
所示，使得流体从咖啡模型表面开始发射。

图 9-35

⑧ 播放场景动画，流体的默认动画效果如图 9-36 所示。

⑨ 在"自动调整大小"卷展栏中，勾选"自动调整大小"复选框，如图 9-37 所示。

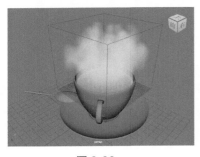

图 9-36

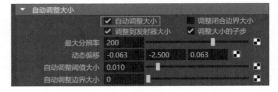

图 9-37

⑩ 再次播放动画，这一次可以看到，随着烟雾的变化，容器的大小也会跟着产生变化，
如图 9-38 和图 9-39 所示。

图 9-38

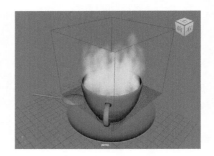

图 9-39

⑪ 选择容器和杯子模型，如图 9-40 所示。

⑫ 单击"FX"工具架上的"使碰撞"按钮，如图 9-41 所示。

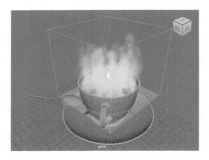

图 9-40

图 9-41

⑬ 在"密度"卷展栏中，设置"密度比例"为 0.1，"浮力"为 10，如图 9-42 所示。

⑭ 在"速度"卷展栏中，设置"漩涡"为 5，如图 9-43 所示。

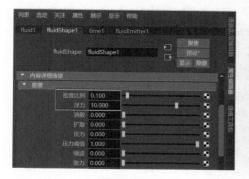

图 9-42

图 9-43

⑮ 设置完成后，播放场景动画，本实例模拟完成的热气腾腾效果如图 9-44 ～图 9-47 所示。

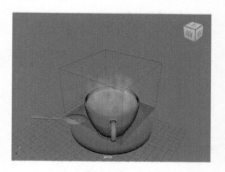

图 9-44

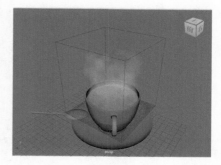

图 9-45

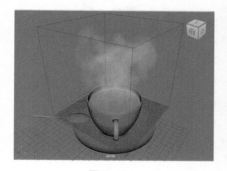

图 9-46

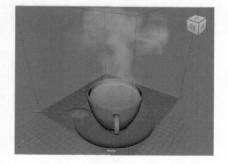

图 9-47

⑯ 渲染场景，热气的渲染效果如图 9-48 所示，看起来颜色较暗。

⑰ 在"着色"卷展栏中，设置"透明度"为浅白色；在"白炽度"卷展栏中，设置"选

定颜色"为白色，如图 9-49 所示。

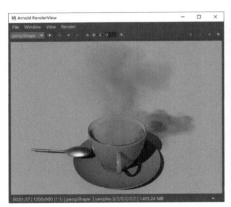

图 9-48

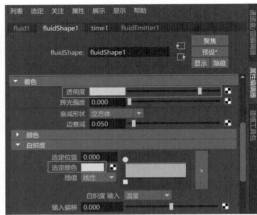

图 9-49

⑱ 在"不透明度"卷展栏中，调整"不透明度"的曲线效果，如图 9-50 所示。

⑲ 再次渲染场景，本实例的最终渲染效果如图 9-51 所示。

图 9-50

图 9-51

学习完本实例后，读者可以使用该方法尝试制作其他烟雾动画效果。

第10章

海洋动画技术

10.1　海洋模拟概述

　　Maya 中为用户提供了两套用于模拟海洋动画效果的系统，使得用户可以轻松模拟出海洋的流动效果。如果读者想要制作出高水准的海洋动画，还需要多留意现实世界中的海洋特征。图 10-1 和图 10-2 所示为笔者在海边所拍摄的两张照片。

图 10-1

图 10-2

10.2　海洋系统

　　执行菜单栏中的"流体 > 海洋"命令，即可在场景中快速创建海洋系统，如图 10-3 所示。扫描图 10-4 中的二维码，可观看海洋系统的详解视频。

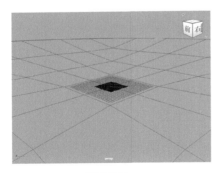

图 10-3

图 10-4

10.3　Boss 海洋系统

　　使用"Boss Ripple/Wave Generator"窗口并配合 Arnold 渲染器，可以制作出更加真实的海洋动画效果，如图 10-5 所示。扫描图 10-6 中的二维码，可观看 Boss 海洋系统的详解视频。

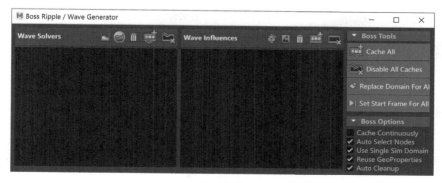

图 10-5

视频微课

知识点

Boss 海洋系统

◆ 创建 Boss 海洋
◆ 预览海洋动画效果
◆ 调整海洋波浪高度
◆ 制作碰撞效果

图 10-6

10.4　技术实例

10.4.1　实例：制作天空海洋效果

⚙ 实例介绍

　　本实例使用 3D 流体容器和"海洋"命令来制作天空海洋场景，实例的最终动画效果如图 10-7 所示。

图 10-7

图 10-7（续）

　　在制作实例前，需要先观察海洋的渲染效果，再思考需要使用哪些命令来进行制作。

步骤演示

❶ 启动 Maya，执行菜单栏中的"流体 > 海洋"命令，如图 10-8 所示。

❷ 在场景中创建一个海洋对象，如图 10-9 所示。

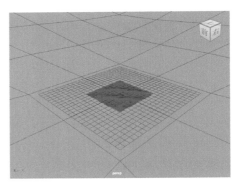

图 10-8　　　　　　　　　　　　　　　　图 10-9

❸ 在"大纲视图"面板中观察，可以发现海洋对象由海洋平面和预览平面这两个对象组成，如图 10-10 所示。

❹ 在"渲染设置"面板中，设置当前场景的渲染器为"Maya 软件"渲染器，如图 10-11 所示。这样就可以渲染出正确的海洋效果了。

❺ 渲染场景，海洋的默认渲染效果如图 10-12 所示。

❻ 在"属性编辑器"面板中，展开"海洋属性"卷展栏，设置"频率数"为 10，增加海洋的波浪纹理细节；设置"最大波长"为 9，增加海洋的波浪大小，如图 10-13 所示。

图 10-10

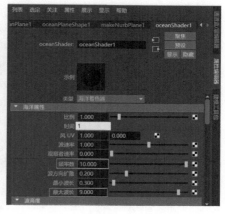

图 10-11

图 10-12

图 10-13

⑦ 再次渲染场景，渲染效果如图 10-14 所示。

⑧ 单击 "FX" 工具架上的 "具有发射器的 3D 流体容器" 按钮，如图 10-15 所示。

图 10-14

图 10-15

⑨ 在场景中创建一个带有发射器的 3D 流
体容器，如图 10-16 所示。

⑩ 在"大纲视图"面板中，选择流体发
射器，如图 10-17 所示，按【Delete】
键，将其删除。

⑪ 选择 3D 流体容器，展开"容器特性"
卷展栏，设置"大小"为（200,10,200），
如图 10-18 所示。

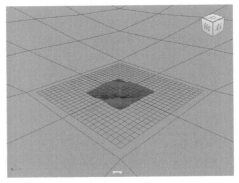

图 10-16

图 10-17

图 10-18

⑫ 展开"不透明度"卷展栏，设置其中的参数，如图 10-19 所示，这样就可以看到
3D 流体容器内已经有流体填充了，如图 10-20 所示。

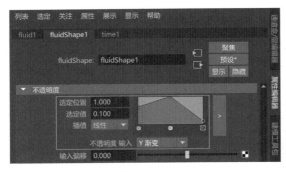

图 10-19

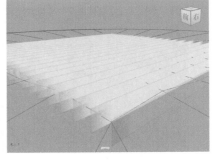

图 10-20

⑬ 展开"着色"卷展栏，设置"透明度"为浅白色；展开"颜色"卷展栏，设置其
中的参数，如图 10-21 所示。

⑭ 在 "通道盒 / 层编辑器" 面板中，设置 "平移 Y" 为 5.7，如图 10-22 所示。

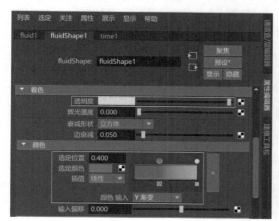

图 10-21

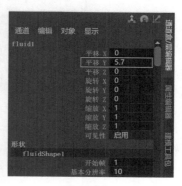

图 10-22

⑮ 设置完成后，观察场景，可以看到 3D 流体容器中的流体颜色，如图 10-23 所示。

⑯ 渲染场景，添加了 3D 流体容器后的渲染效果如图 10-24 所示。

图 10-23

图 10-24

⑰ 单击 "渲染" 工具架上的 "点光源" 按钮，如图 10-25 所示，在场景中创建一个点光源。

图 10-25

⑱ 在场景中，调整点光源的高度，如图 10-26 所示。

⑲ 在 "灯光效果" 卷展栏中，单击 "灯光辉光" 右侧的方形按钮，如图 10-27 所示。

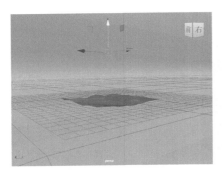

图 10-26

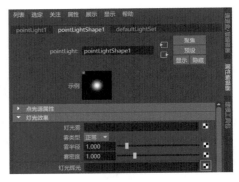

图 10-27

⑳ 在"光学效果属性"卷展栏中，设置"辉光类型"为"球"，"光晕类型"为"指数"，"星形点"为 0，如图 10-28 所示。

㉑ 在"辉光属性"卷展栏中，设置"辉光扩散"为 0.5，如图 10-29 所示。

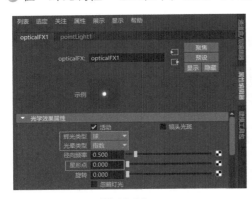

图 10-28

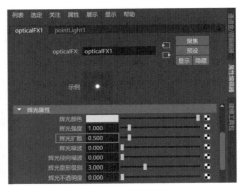

图 10-29

㉒ 在"光晕属性"卷展栏中，设置"光晕颜色"为黄色，如图 10-30 所示。

㉓ 设置完成后，再次渲染场景，本实例的最终渲染效果如图 10-31 所示。

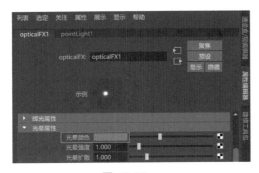

图 10-30

图 10-31

技巧与提示

　　使用"Maya 软件"渲染器保存渲染图像时，应单击菜单栏中的"文件 > 保
存图像"右侧的方形按钮，如图 10-32 所示。在弹出的"保存图像选项"面板中，
设置"保存模式"为"已管理颜色的图像 - 视图变换已嵌入"，如图 10-33 所示。
这样保存的图像才是用户所看到的渲染效果。

图 10-32

图 10-33

　　学习完本实例后，读者可以使用该方法尝试制作太阳在海面上缓缓升起的动画
效果。

10.4.2　实例：制作海洋波浪效果

⚙ 实例介绍

　　本实例使用 Maya 的 Boss 海洋系统来制作海洋波浪的动画效果。图 10-34 所
示为本实例的最终动画效果。

图 10-34

图 10-34（续）

　　在制作实例前，需要先观察一些海洋的照片，再思考需要调整哪些参数来进行制作。

步骤演示

❶ 启动 Maya，单击"多边形建模"工具架上的"多边形平面"按钮，如图 10-35 所示，
在场景中创建一个平面模型。

❷ 在"通道盒/层编辑器"面板中，设置平面模型的"宽度"
和"高度"均为 100，"细分宽度"和"高度细分数"
均为 200，如图 10-36 所示。

图 10-35

❸ 设置完成后，用户可以得到一个非常大的平面模型，如图 10-37 所示。

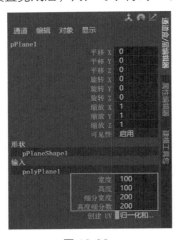

图 10-36

图 10-37

❹ 执行菜单栏中的"Boss>Boss 编辑器"命令，打开"Boss Ripple/Wave Generator"
窗口，如图 10-38 所示。

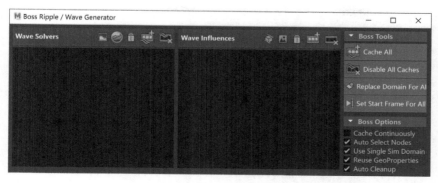

图 10-38

⑤ 选择场景中的平面模型，单击"Boss Ripple/Wave Generator"窗口中的"Create Spectral Waves"（创建光谱波浪）按钮，如图 10-39 所示。

⑥ 在"大纲视图"面板中可以看到，Maya 根据之前所选择的平面模型的大小及细分情况创建出了一个用于模拟区域海洋的新模型并命名为 BossOutput，同时，隐藏场景中原有的多边形平面模型，如图 10-40 所示。

图 10-39

⑦ 在默认情况下，新生成的 BossOutput 模型与原有的多边形平面模型一模一样。拖曳 Maya 中的时间帧，即可看到从第 2 帧起，BossOutput 模型模拟出了非常真实的海洋波浪运动效果，如图 10-41 所示。

图 10-40

图 10-41

⑧ 在"属性编辑器"面板中找到"BossSpectralWave1"选项卡，展开"模拟属性"卷展栏，设置"波高度"为 2，勾选"使用水平置换"复选框，并设置"波大小"为 6，如图 10-42 所示。

⑨ 调整完成后，播放场景动画，可以看到模拟出来的海洋波浪效果，如图 10-43 所示。

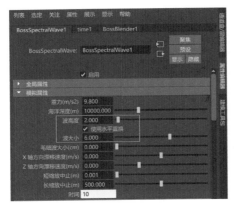

图 10-42

图 10-43

⑩ 在"大纲视图"面板中选择平面模型，展开"多边形平面历史"卷展栏，将"细分宽度"和"高度细分数"的值均提高至 2000，如图 10-44 所示。这时，Maya 会弹出"多边形基本体参数检查"对话框，询问用户是否要继续使用这么高的细分值，如图 10-45 所示，单击该对话框中的"是，不再询问"按钮即可。

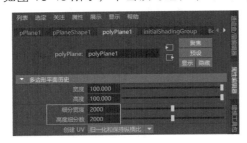

图 10-44

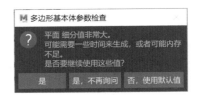

图 10-45

⑪ 设置完成后，在视图中观察海洋模型，可以看到模型的细节大幅增加了，如图 10-46所示。

⑫ 选择海洋模型，单击"渲染"工具架上的"标准曲面材质"按钮，如图 10-47 所示。

图 10-46

图 10-47

⑬ 在"属性编辑器"面板中，设置"基础"卷展栏内的"颜色"为深蓝色，"颜色"的具体参数如图 10-48 所示。

⑭ 展开"镜面反射"卷展栏，设置"粗糙度"为 0.1，如图 10-49 所示。

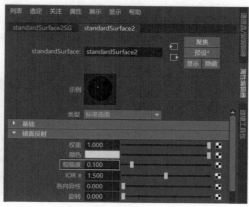

图 10-48

图 10-49

⑮ 展开"透射"卷展栏，设置"权重"为 0.7，"颜色"为深绿色，如图 10-50 所示。"颜色"的具体参数如图 10-51 所示。

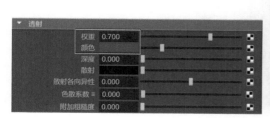

图 10-50

图 10-51

⑯ 材质设置完成后，接下来为场景创建灯光。单击"Arnold"工具架上的"Create Physical Sky"（创建物理天空）按钮，如图 10-52 所示，在场景中创建物理天空灯光。

图 10-52

⑰ 在"Physical Sky Attributes"（物理天空属性）卷展栏中，设置"Elevation"（海拔）为 40，"Azimuth"（方位）为 90，"Intensity"（强度）为 6，"Sun Size"（太

阳尺寸）为 2，如图 10-53 所示。

⑱ 设置完成后，渲染场景，本实例的最终渲染效果如图 10-54 所示。

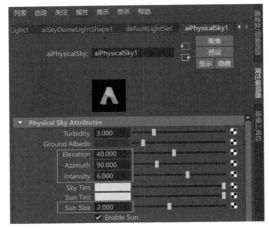

图 10-53

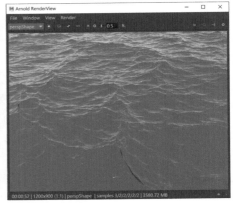

图 10-54

学习完本实例后，读者可以对比一下使用两种不同方法制作的海洋效果。

第 **11** 章

粒子动画技术

11.1　粒子概述

　　粒子技术常常用来制作大量形体类似的物体一起运动时的群组动画，例如一群蜜蜂在空中飞舞，又或者天空中不断飘落的大片雪花。有时由于动画项目的特殊要求，粒子技术还可以用来制作火焰燃烧、烟花爆竹燃放、瀑布喷泉等具有流体动力学特征的特效动画。读者只有多留意生活中与粒子动画相关的事物，才能制作出较为真实的动画效果，如图 11-1 和图 11-2 所示。

图 11-1

图 11-2

11.2　创建粒子

　　有关粒子的工具，用户可以在"FX"工具架上找到，如图 11-3 所示。扫描图 11-4中的二维码，可观看创建粒子的详解视频。

图 11-3

视频微课　　　知识点

　　创建粒子发射器
　　添加发射器

创建粒子

图 11-4

11.3　技术实例

11.3.1　实例：制作气球升起动画

实例介绍

　　本实例使用粒子系统来制作一些气球在卡通场景中向上升起的动画效果，实例的最终动画效果如图 11-5 所示。

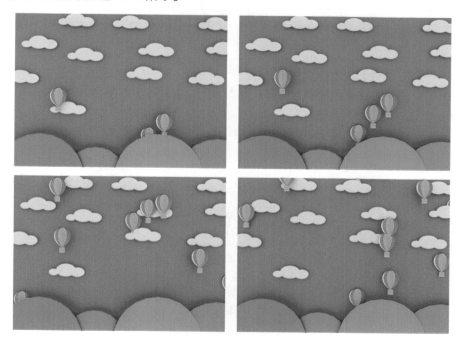

图 11-5

思路分析

　　在制作实例前，需要先思考气球的运动规律。

步骤演示

❶ 启动 Maya，打开本书配套资源"气球 .mb"文件，如图 11-6 所示。该文件是一个卡通风格的动画场景，其中包含了一个蓝色背景天空模型、一组绿山模型、一个彩色气球模型和一个白色云朵模型，并且已经设置好了材质、灯光和摄影机。

❷ 使用粒子系统来增加场景中的云朵数量。将视图切换至"右视图"，如图 11-7 所示。

图 11-6

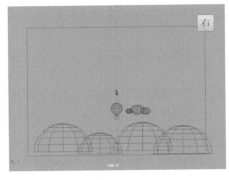
图 11-7

❸ 执行菜单栏中的"nParticle>nParticle 工具"命令，如图 11-8 所示。

❹ 在场景中想要放置云朵模型的位置处单击几下，创建粒子对象，如图 11-9 所示。

❺ 创建完成后，观察"大纲视图"面板，用户可以看到面板中多了一个粒子对象和一个动力学对象，如图 11-10 所示。

图 11-8

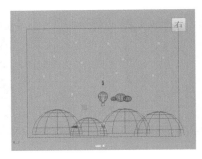
图 11-9

图 11-10

技巧与提示

　　使用 nParticle 工具可以直接在场景中创建粒子对象，这种创建粒子的方式不会生成粒子发射器。

❻ 选择场景中的云朵模型。单击菜单栏中的"nParticle>实例化器"右侧的方形按钮，如图 11-11 所示。

❼ 在弹出的"粒子实例化器选项"面板中，单击"创建"按钮，如图 11-12 所示。用户即可看到场景中的粒子形态变成了云朵模型效果，如图 11-13 所示。

图 11-11

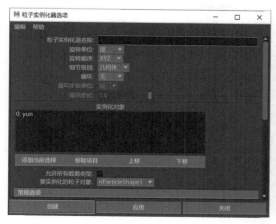

图 11-12

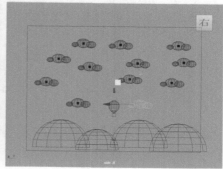

图 11-13

⑧ 在"大纲视图"面板中选择粒子对象,展开"动力学特性"卷展栏,勾选"忽略解算器重力"复选框,如图 11-14 所示。这样场景中的云朵就会保持不动。

⑨ 制作气球升起效果。单击"FX"工具架上的"发射器"按钮,如图 11-15 所示,在场景中创建一个粒子发射器。

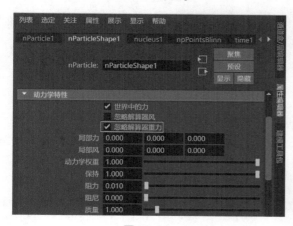

图 11-14

图 11-15

⑩ 在"基本发射器属性"卷展栏中,设置"发射器类型"为"体积",如图 11-16 所示。

⑪ 使用"缩放工具"调整粒子发射器的大小,如图 11-17 所示。

⑫ 展开"动力学特性"卷展栏,勾选"忽略解算器重力"复选框,如图 11-18 所示。

⑬ 在"体积速率属性"卷展栏中,设置"远离中心"为 0,"平行光速率"为 10,如图 11-19 所示。

图 11-16

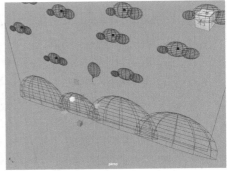

图 11-17

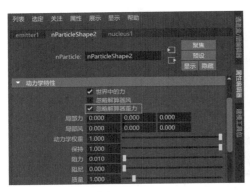

图 11-18

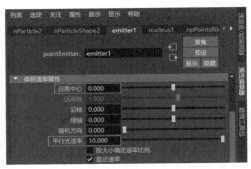

图 11-19

⑭ 播放场景动画，可以看到粒子现在沿 x 轴方向开始发射，如图 11-20 所示。

⑮ 在"距离 / 方向属性"卷展栏中，设置"方向 X"为 0，"方向 Y"为 1，如图 11-21
所示。

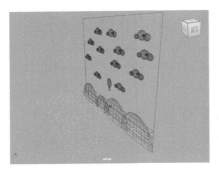

图 11-20

图 11-21

⑯ 在"基本发射器属性"卷展栏中，设置"速率（粒子 / 秒）"为 2，如图 11-22
　所示。

⑰ 设置完成后，播放场景动画，粒子的动画效果如图 11-23 所示。

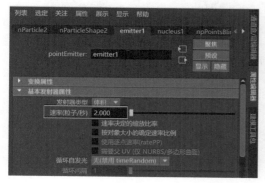

图 11-22

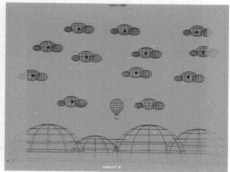

图 11-23

⑱ 选择场景中的气球模型。单击菜单栏中的"nParticle> 实例化器"右侧的方形按
　钮，在弹出的"粒子实例化器选项"面板中，将"要实例化的粒子对象"设置为
　"nParticleShape2"后，再单击"创建"按钮，如图 11-24 所示。设置完成后，
　场景中粒子的显示效果如图 11-25 所示。

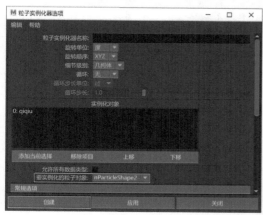

图 11-24

图 11-25

⑲ 设置完成后，将场景中的气球模型和云朵模型移动至镜头以外，播放场景动画，
　本实例的动画效果如图 11-26 和图 11-27 所示。

图 11-26

图 11-27

学习完本实例后，读者可以使用该方法尝试制作一些其他二维风格的粒子动画效果。

11.3.2　实例：制作文字消散动画

实例介绍

本实例使用粒子系统来制作文字慢慢消散的动画效果，实例的最终动画效果如图 11-28 所示。

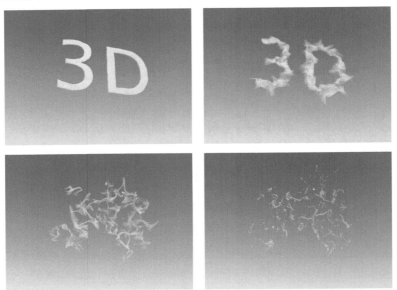

图 11-28

思路分析

在制作实例前，需要先思考动画的运动规律。

● 启动 Maya，单击"多边形建模"工具架上的"多边形类型"按钮，如图 11-29 所示。
　 在场景中创建一个立体文字模型，如图 11-30 所示。

● 在"属性编辑器"面板中，更改文字的内容为"3D"，
　 如图 11-31 所示。

图 11-29

图 11-30

图 11-31

● 在"可变形类型"卷展栏中，勾选"可变形类型"复选框，如图 11-32 所示。

● 设置完成后，文字模型的视图显示效果如图 11-33 所示。

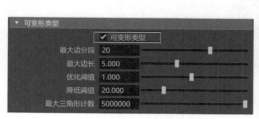

图 11-32

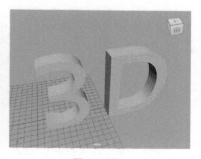

图 11-33

● 选择图 11-34 所示的面，对其进行删除，得到图 11-35 所示的模型效果。

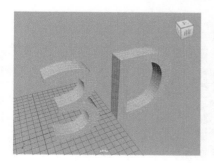

图 11-34

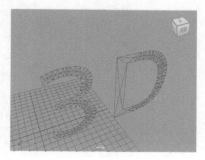

图 11-35

⑥ 选择文字模型，单击"FX"工具架上的"添加发射器"按钮，如图 11-36 所示。

⑦ 在"基本发射器属性"卷展栏中，设置"发射器类型"为"表面"，"速率（粒子/秒）"为 1000000，如图 11-37 所示，并在第 2 帧位置处设置关键帧。

图 11-36

图 11-37

⑧ 在第 3 帧位置处，设置"速率（粒子/秒）"为 0，如图 11-38 所示，并再次为该属性设置关键帧。

⑨ 在"着色"卷展栏中，设置"粒子渲染类型"为"球体"，如图 11-39 所示。

图 11-38

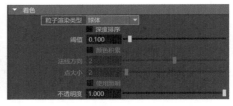

图 11-39

⑩ 在"粒子大小"卷展栏中，设置"半径"为 0.1，如图 11-40 所示。

⑪ 在"动力学特性"卷展栏中，勾选"忽略解算器重力"复选框，如图 11-41 所示。

图 11-40

图 11-41

⑫ 在"基础自发光速率属性"卷展栏中，设置"速率"为 0，如图 11-42 所示。

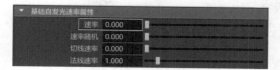

图 11-42

⑬ 隐藏场景中的文字模型，可以看到场景中会出现一个完全由粒子组成的文字对象，如图 11-43 所示。

⑭ 选择粒子对象，执行菜单栏中的"场 / 解算器 > 湍流"命令，如图 11-44 所示。

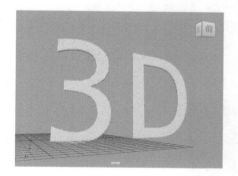

图 11-43

图 11-44

⑮ 在场景中移动湍流至图 11-45 所示的位置处，播放场景动画，粒子的动画效果如图 11-46 所示。

图 11-45

图 11-46

⑯ 在"湍流场属性"卷展栏中，设置"幅值"为 50，"衰减"为 0，如图 11-47 所示。

⑰ 在"动力学特性"卷展栏中，设置"保持"为 0.2，如图 11-48 所示。

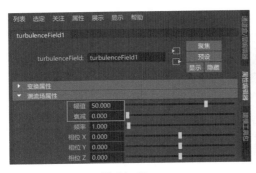

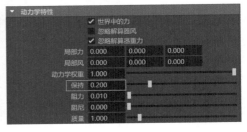

图 11-47 图 11-48

⓲ 在"寿命"卷展栏中，设置"寿命模式"为"随机范围"，"寿命"为 6，"寿命随机"
为 2，如图 11-49 所示。

⓳ 设置完成后，单击"FX 缓存"工具架上的"将选定的 nCloth 模拟保存到 nCache 文件"
按钮，如图 11-50 所示。

图 11-49 图 11-50

技巧与提示

　　如果要对已经生成了缓存文件的粒子对象重新进行缓存，一定要先单击"删
除选定 nCloth 网格、nHair 或 nParticle 上的缓存"按钮，如图 11-51 所示。

图 11-51

⓴ 播放场景动画，本实例最终完成的粒子动画效果如图 11-52 ～图 11-55 所示。

技巧与提示

　　在本实例的教学视频中，还讲解了与粒子的材质、灯光及摄影机运动模糊有
关的参数设置方法。

图 11-52

图 11-53

图 11-54

图 11-55

学习完本实例后，读者可以使用该方法尝试制作其他文字消散的动画效果。

11.3.3　实例：制作引线点燃动画

⚙ 实例介绍

　　本实例使用粒子系统来制作引线点燃的动画效果，实例的最终动画效果如图 11-56 所示。

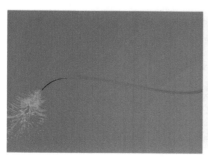
图 11-56

图 11-56（续）

思路分析

在制作实例前，需要先思考动画的运动规律。

步骤演示

❶ 启动 Maya，单击"曲线 / 曲面"工具架上的"EP 曲线工具"按钮，如图 11-57 所示。
在场景中创建一条曲线，如图 11-58 所示。

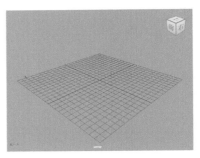

图 11-57

图 11-58

❷ 单击"曲线 / 曲面"工具架上的"NURBS 圆形"按钮，如图 11-59 所示。在场景
中创建一个椭圆，如图 11-60 所示。

图 11-59

图 11-60

③ 先选择椭圆，再加选曲线。双击"曲线/曲面"工具架上的"挤出"按钮，如图11-61所示。

④ 在弹出的"挤出选项"面板中，设置"样式"为"管"，"结果位置"为"在路径处"，"枢轴"为"组件"，"方向"为"剖面法线"，"曲线范围"为"部分"，如图11-62所示。

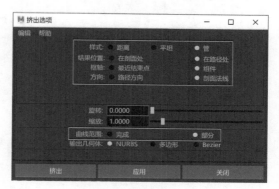

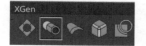

图11-61

图11-62

⑤ 单击"挤出选项"面板下方左侧的"挤出"按钮后，得到的曲面模型效果如图11-63所示。

⑥ 在"NURBS曲面显示"卷展栏中，设置"曲线精度着色"为10，如图11-64所示，这样可以使生成的曲面模型看起来更加平滑。

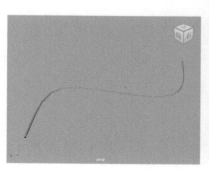

图11-63

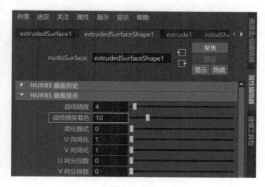

图11-64

⑦ 在第20帧位置处，在"通道盒/层编辑器"面板中，对"最小值"设置关键帧。设置完成后，可以看到该属性右侧会出现红色的方形标记，如图11-65所示。

⑧ 在第120帧位置处，设置"最小值"为0.9，并为其设置关键帧，如图11-66所示。

图 11-65

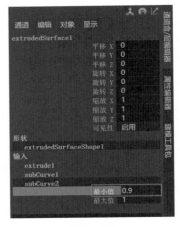
图 11-66

❾ 设置完成后，播放场景动画。引线变短的动画效果如图 11-67 所示。

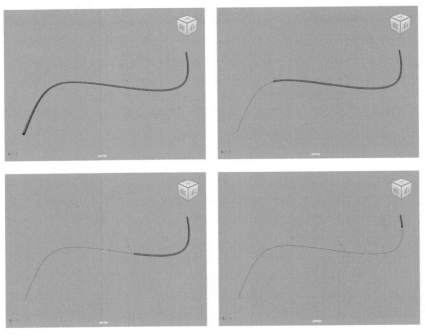
图 11-67

❿ 选择引线模型，按住鼠标右键，在弹出的菜单中执行"控制顶点"命令，如图 11-68 所示。

⓫ 选择图 11-69 所示的顶点，单击"FX"工具架上的"添加发射器"按钮，如图 11-70 所示。

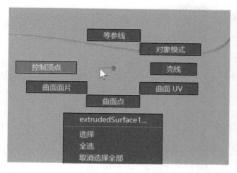

图 11-68

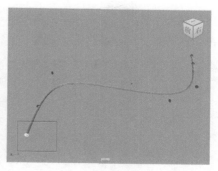

图 11-69

⑫ 播放场景动画，添加了粒子的引线动画效果如图 11-71
所示。

⑬ 在"动力学特性"卷展栏中，勾选"忽略解算器重力"
复选框，如图 11-72 所示。

图 11-70

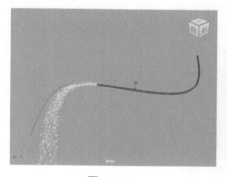

图 11-71

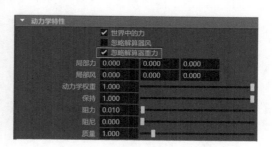

图 11-72

⑭ 在"寿命"卷展栏中，设置"寿命模式"为"随机范围"，"寿命"为 0.3，"寿
命随机"为 0.1，如图 11-73 所示。

⑮ 在"基础自发光速率属性"卷展栏中，设置"速率"为 6，如图 11-74 所示。

图 11-73

图 11-74

⑯ 在"着色"卷展栏中，设置"粒子渲染类型"为"球体"，如图 11-75 所示。

⑰ 在"粒子大小"卷展栏中，设置"半径"为 0.05，如图 11-76 所示。

图 11-75

图 11-76

⑱ 单击"FX 缓存"工具架上的"将选定的 nCloth 模拟保存到 nCache 文件"按钮，如图 11-77 所示。

图 11-77

⑲ 缓存完成后，播放动画，本实例模拟出来的引线点燃效果如图 11-78 所示。

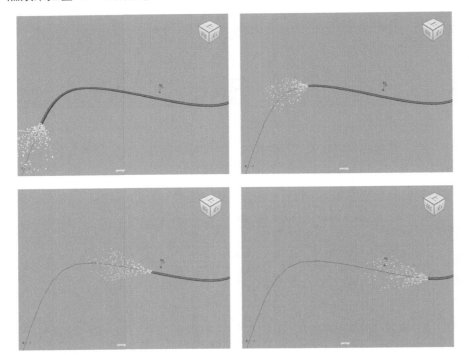

图 11-78

技巧与提示

在本实例的教学视频中，还讲解了与粒子的材质、灯光及摄影机运动模糊有关的参数设置方法。

学习完本实例后，读者可以使用该方法尝试制作诸如烟花喷射这一类与本实例效果类似的粒子动画。

11.3.4　实例：制作吸尘器动画

实例介绍

本实例使用粒子系统来制作吸尘器吸东西的动画效果，实例的最终动画效果如图 11-79 所示。

图 11-79

思路分析

在制作实例前，需要先思考动画的运动规律。

步骤演示

❶ 启动 Maya，打开本书配套资源"吸尘器 .mb"文件，如图 11-80 和图 11-81 所示。该文件中包含一个吸尘器模型、一个弯弯的纸屑模型、一个钉子模型和一个巧克

力球模型，并且已经设置好了材质、灯光和摄影机。

图 11-80

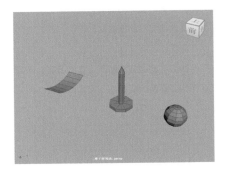

图 11-81

❷ 单击菜单栏中的"nParticle>nParticle 工具"右侧的方形按钮，如图 11-82 所示。

❸ 在弹出的"工具设置"面板中，勾选"创建粒子栅格"复选框，设置"粒子间距"
为 3，如图 11-83 所示。

图 11-82

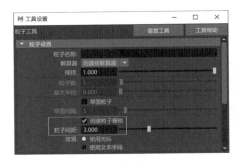

图 11-83

❹ 在场景中以单击的方式创建出一片粒子栅格，如图 11-84 所示。

❺ 选择场景中的纸屑、钉子和巧克力球模型，单击菜单栏中的"nParticle> 实例化器"
右侧的方形按钮，如图 11-85 所示。

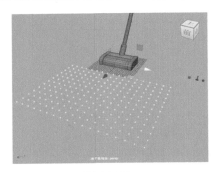

图 11-84

图 11-85

⑥ 在弹出的"粒子实例化器选项"面板中,单击"创建"按钮,如图 11-86 所示。这时,可以看到场景中的粒子形状显示为所选择的这 3 种模型中的一种,如图 11-87 所示。

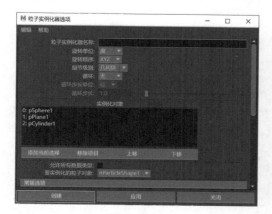

图 11-86

图 11-87

⑦ 选择粒子对象,在"添加动态属性"卷展栏中,单击"常规"按钮,如图 11-88 所示。

⑧ 在系统自动弹出的"添加属性"对话框中,设置"长名称"为"tuxing",勾选"覆盖易读名称"复选框,设置"易读名称"为"图形","数据类型"为"浮点型","属性类型"为"每粒子(数组)",如图 11-89 所示。

图 11-88

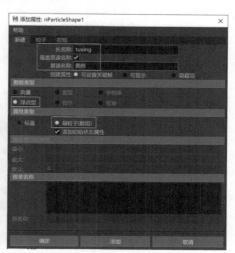

图 11-89

⑨ 设置完成后,单击左下方的"确定"按钮,关闭该对话框。这时,可以看到"每粒子(数组)属性"卷展栏中会多出来一个"图形"属性,这就是刚刚添加的属性。

将鼠标指针移动至"图形"属性上，单击鼠标右键并执行"创建表达式"命令，如图 11-90 所示。

⑩ 在系统自动弹出的"表达式编辑器"面板中，输入：

nParticleShape1.tuxing=rand(0,3);

并单击该面板下方左侧的"创建"按钮，如图 11-91 所示。

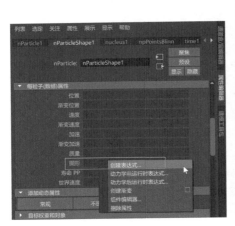

图 11-90

图 11-91

⑪ 在"实例化器（几何体替换）"卷展栏中，设置"对象索引"为"tuxing"，如图 11-92 所示。

⑫ 设置完成后，场景的粒子形状显示效果如图 11-93 所示。

图 11-92

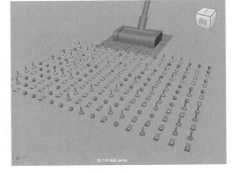

图 11-93

⑬ 在"重力和风"卷展栏中，设置"风噪波"为 50；在"地平面"卷展栏中，勾选"使用平面"复选框，如图 11-94 所示。

⑭ 播放场景动画，即可看到场景中的粒子现在会产生一些随机的位移动画效果，如图 11-95 所示。

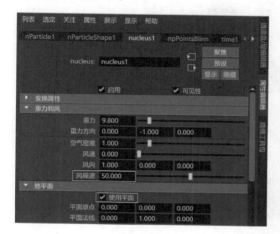

图 11-94

图 11-95

⑮ 选择粒子对象，执行菜单栏中的"场/解算器 > 初始状态 > 为选定对象设定"命令，如图 11-96 所示。这样就会将现在场景中的粒子位置设置为粒子的初始状态。设置完成后，在"重力和风"卷展栏中，设置"风噪波"为 0，如图 11-97 所示。

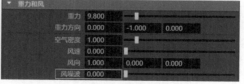

图 11-96

图 11-97

⑯ 选择粒子对象，执行菜单栏中的"场/解算器 > 牛顿"命令，如图 11-98 所示。

⑰ 在"牛顿场属性"卷展栏中，设置"幅值"为 500，"衰减"为 0，如图 11-99 所示。

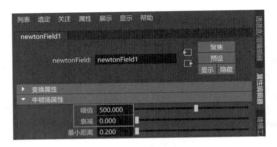

图 11-98　　　　　　　　　　　　图 11-99

⑱ 在"体积控制属性"卷展栏中，设置"体积形状"为"立方体"，如图 11-100 所示。使用"缩放工具"调整牛顿场的大小和位置，如图 11-101 所示。

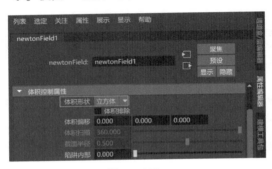
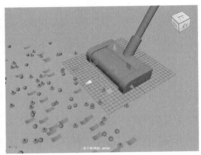

图 11-100　　　　　　　　　　　　图 11-101

⑲ 在第 30 帧位置处，为牛顿场的"平移 X""平移 Y""平移 Z"属性设置关键帧，如图 11-102 所示。

⑳ 在第 100 帧位置处，调整牛顿场的位置，如图 11-103 所示，并再次为"平移 X""平移 Y""平移 Z"属性设置关键帧，如图 11-104 所示。

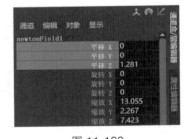

图 11-102

图 11-103　　　　　　　　　　　　图 11-104

㉑ 在"动力学特性"卷展栏中，设置"保持"为 0.5，如图 11-105 所示。

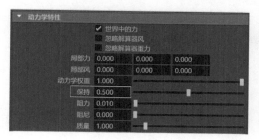

图 11-105

㉒ 将吸尘器模型连接至牛顿场后，播放场景动画，牛顿场模拟的吸尘器效果如图 11-106 所示。

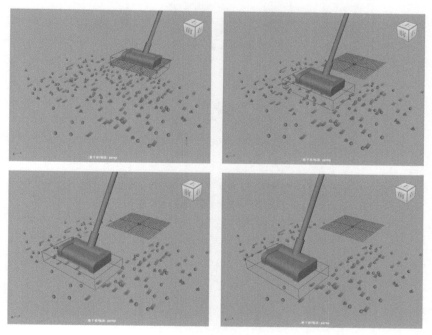

图 11-106

技巧与提示

在本章的教学视频中，还讲解了灯光及运动模糊的参数设置方法。

举一反三　学习完本实例后，读者可以使用该方法尝试制作拖地等与本实例效果类似的粒子动画。

第12章

布料动画技术

12.1　布料概述

　　布料的运动属于一类很特殊的动画。由于布料在运动中会产生大量的、各种形态的随机褶皱，动画设计师们很难使用传统的对物体设置关键帧动画的方式来进行布料运动动画的制作，所以如何制作出真实自然的布料动画一直是众多三维软件生产商共同面对的一项技术难题。Maya 中的 nCloth 是一项生成真实布料运动特效的高级技术。nCloth 可以稳定、迅速地模拟出动态布料的形态，主要用于模拟布料和环境产生交互作用的动态效果，其中包括碰撞对象（如角色）和力学（如重力和风）。读者在学习本章内容之前，还应对真实世界中的布料形态有所了解。图 12-1 和图 12-2 所示为笔者所拍摄的一些布料素材照片。

图 12-1

图 12-2

12.2　创建布料

　　在"FX"工具架上的后半部分可以找到几个常用的与 nCloth 相关的工具，如图 12-3 所示。扫描图 12-4 中的二维码，可观看创建布料的详解视频。

图 12-3

图 12-4

12.3　技术实例

12.3.1　实例：制作布料拉扯动画

⚙ **实例介绍**

　　本实例通过制作一个布料拉扯的动画效果来为读者讲解布料的基本设置技巧，实例的最终动画效果如图 12-5 所示。

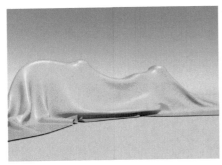
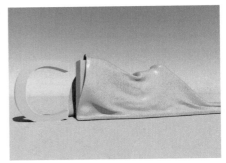

图 12-5

🔍 **思路分析**

　　在制作实例前，需要先观察身边的布料效果，再思考需要调整哪些参数来进行制作。

▶ **步骤演示**

❶ 启动 Maya，单击"多边形建模"工具架上的"多边形类型"按钮，如图 12-6 所示。在场景中创建一个文字模型，如图 12-7 所示。

图 12-7

图 12-6

❷ 在"属性编辑器"面板中，设置文字的内容为"Cloth"，设置"字体大小"为2，如图 12-8 所示。

❸ 在"挤出"卷展栏中，设置"挤出距离"为 0.3，如图 12-9 所示。

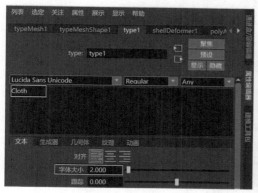
图 12-8

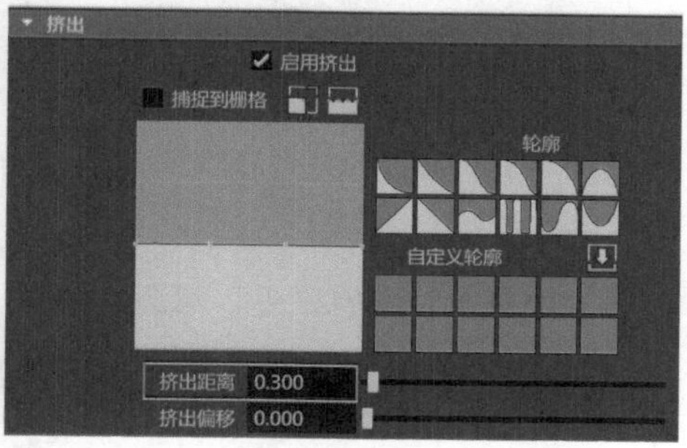

图 12-9

❹ 设置完成后，文字模型的视图显示效果如图 12-10 所示。

❺ 单击"多边形建模"工具架上的"多边形平面"按钮，如图 12-11 所示，在场景中创建一个平面模型。

图 12-10

图 12-11

⑥ 在"通道盒/层编辑器"面板中，设置"宽度"为8，"高度"为4，"细分宽度"为100，"高度细分数"为50；接下来，调整平面模型的位置，设置"平移X"为2，"平移Y"为2，如图12-12所示。

⑦ 设置完成后，平面模型的视图显示效果如图12-13所示。

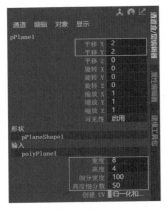

图 12-12

图 12-13

⑧ 选择平面模型，单击"FX"工具架上的"从选定网格创建nCloth"按钮，如图12-14所示。

⑨ 在"地平面"卷展栏中，勾选"使用平面"复选框，如图12-15所示。

图 12-14

图 12-15

⑩ 选择文字模型，单击"FX"工具架上的"创建被动碰撞对象"按钮，如图12-16所示。

⑪ 设置完成后，播放场景动画，布料的计算结果如图12-17所示。可以看到布料与文字模型之间出现了穿插效果。

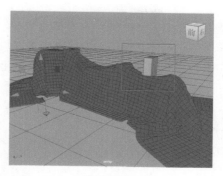

图 12-16

图 12-17

⑫ 在"解算器属性"卷展栏中，设置"最大碰撞迭代次数"为 20，如图 12-18 所示。再次播放动画，这时，可以看到布料与文字模型之间的穿插效果没有了，如图 12-19 所示。

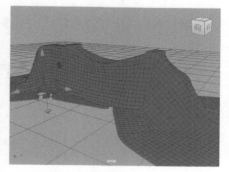

图 12-18

图 12-19

⑬ 在"碰撞"卷展栏中，设置"解算器显示"为"碰撞厚度"，如图 12-20 所示。还可以在场景中观察到布料的厚度显示效果，如图 12-21 所示。

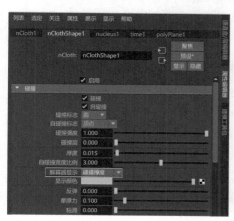

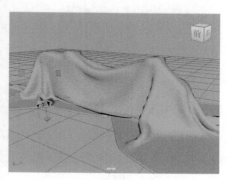

图 12-20

图 12-21

⑭ 选择平面模型，按快捷键【Ctrl+D】，复制出一个布料模型，并将场景中的平面模型删除，这样，可以使得计算出来的布料效果成为布料的初始状态。选择新复制出来的布料模型，单击"FX"工具架上的"从选定网格创建 nCloth"按钮，如图 12-22 所示。

⑮ 选择布料模型上的顶点，如图 12-23 所示。

图 12-22

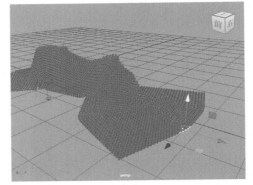

图 12-23

⑯ 执行菜单栏中的"nConstraint> 变换约束"命令，如图 12-24 所示。即可在场景中所选择布料顶点位置处创建一个动力学约束对象，如图 12-25 所示。

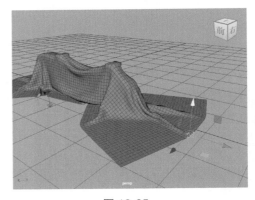

图 12-24

图 12-25

⑰ 在第 1 帧位置处，为该动力学约束对象的"平移"属性设置关键帧，设置完成后，"平移"属性的背景会呈红色显示状态，如图 12-26 所示。

⑱ 在第 80 帧位置处，调整动力学约束对象的位置，如图 12-27 所示。并再次为其"平移"属性设置关键帧。

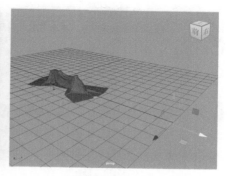

图 12-26　　　　　　　　　　　　图 12-27

⑲ 设置完成后，单击"FX 缓存"工具架上的"将选定的 nCloth 模拟保存到 nCache 文件"
按钮，如图 12-28 所示。

⑳ 播放场景动画，本实例制作出来的布料拉扯动画效
果如图 12-29 所示。

图 12-28

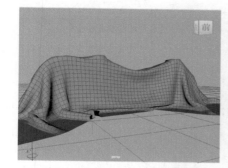
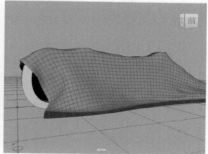

图 12-29

技巧与提示

　　"FX 缓存"工具架上的"将选定的 nCloth 模拟保存到 nCache 文件"工具
既可以缓存布料动画，也可以缓存粒子动画，但是不能缓存流体动画。

举一反三　　学习完本实例后，读者可以使用该方法尝试制作拉开窗帘或拉扯桌布等动画效果。

12.3.2　实例：制作抱枕下落动画

实例介绍

　　本实例使用 Maya 的布料动画技术来制作一个抱枕下落的动画效果。图 12-30 所示为本实例的最终动画效果。

图 12-30

思路分析

　　在制作实例前，需要先观察身边的抱枕效果，再思考需要调整哪些参数来进行制作。

步骤演示

❶ 启动 Maya，单击"多边形建模"工具架上的"多边形立方体"按钮，如图 12-31 所示，在场景中创建一个长方体模型。

❷ 在"通道盒／层编辑器"面板中，设置"宽度"为 2，"高度"为 0.1，"深度"为 2，"细分宽度"为 30，"高度细分数"为 1，"深度细分数"为 30，如图 12-32 所示。

❸ 设置完成后，调整长方体模型的位置及旋转角度，如图 12-33 所示，用来当作抱枕模型。

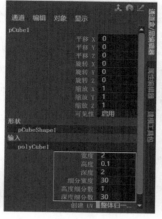

图 12-31

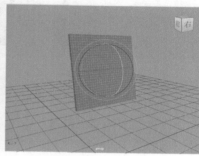

图 12-32

图 12-33

❹ 在场景中再次创建一个长方体模型，如图 12-34 所示。

❺ 使用"挤出"工具制作出图 12-35 所示的简易沙发模型效果，用来当作抱枕的碰撞对象。

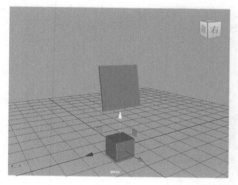

图 12-34

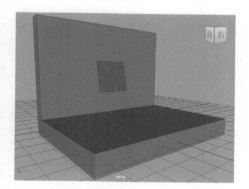

图 12-35

❻ 选择抱枕模型，单击"FX"工具架上的"从选定网格创建 nCloth"按钮，如图 12-36 所示。

❼ 在"压力"卷展栏中，设置"压力"为 0.7，如图 12-37 所示。

❽ 在"解算器属性"卷展栏中，设置"子步"为 6，"最大碰撞迭代次数"为 20，如图 12-38 所示。

图 12-36

图 12-37

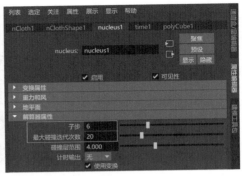

图 12-38

⑨ 选择场景中的简易沙发模型，单击"FX"工具架上
的"创建被动碰撞对象"按钮，如图 12-39 所示。

图 12-39

⑩ 设置完成后，单击"FX 缓存"工具架上的"将选定的
nCloth 模拟保存到 nCache 文件"按钮，如图 12-40
所示。

图 12-40

⑪ 播放场景动画，本实例制作出来的抱枕下落动画效
果如图 12-41 所示。

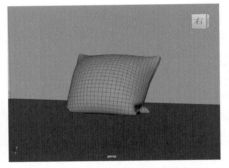
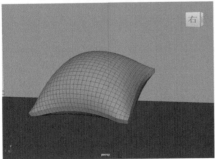
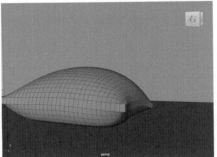

图 12-41

⑫ 选择图 12-42 所示的边，使用"连接"工具制作出图 12-43 所示的模型效果。

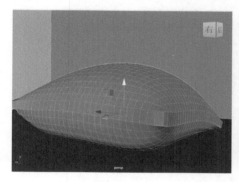

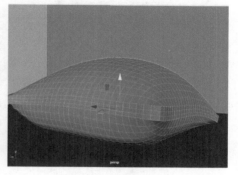

图 12-42   图 12-43

⑬ 选择图 12-44 所示的面，使用"挤出"工具制作出图 12-45 所示的模型效果。

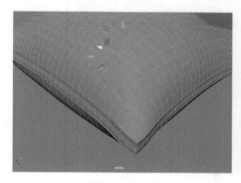

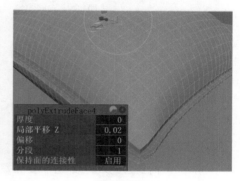

图 12-44   图 12-45

⑭ 设置完成后，按【3】键，抱枕模型进行平滑处理后的效果如图 12-46 所示。

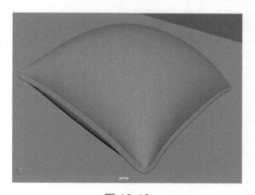

图 12-46

⑮ 本实例最终模拟出来的抱枕效果如图 12-47 ～图 12-50 所示。

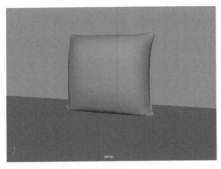

图 12-47

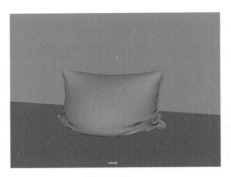

图 12-48

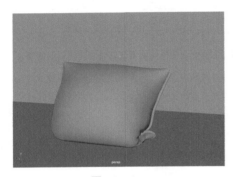

图 12-49

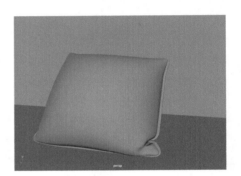

图 12-50

技巧与提示

　　本实例需要注意的地方是需要先缓存好使用布料动画技术模拟出来的抱枕下落动画，再对抱枕模型的边缘进行建模处理。

　　学习完本实例后，读者可以使用该方法尝试制作其他形状、大小不同的抱枕模型。